世界第一美味蛋料理

入口即化、蓬鬆柔軟、滑嫩多汁，
用8000顆蛋打出的最強食譜

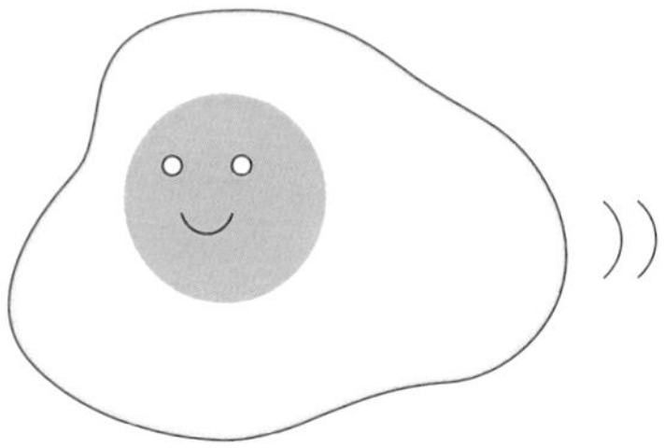

前言

你手中的那顆蛋，將變得更好吃！

對許多人而言，蛋是最容易取得又好用的食材。從被稱為「物價的優等生」開始，一直到現在，蛋料理不斷變幻成各種形態躍上我們的餐桌。只要稍微烹調，蛋就能成為一道上得了檯面的美味餐點，這也是蛋的一大魅力！

然而，正因為蛋是如此容易取得又值得信賴，我們往往只會以一成不變的手法、老是做出固定那幾道菜色。

但其實蛋料理的形態相當豐富多變，它具有既親水又親油、打入空氣會起泡……等等多種其他食材所沒有的特性，然而又因為它太容易取得了，我們總是一不小心又用了同樣的手法來料理它。

蛋料理可以說是「每做一次都有再進步空間」的料理代表。人們常說，蛋料理「最簡單卻也最難做」。確實，要做出專業的蛋料理是需要高度技術的累積。然而，家常的蛋料理本來就不需要那麼困難的技術，只要對蛋的特性多加留意，並且掌握好烹調溫度，美味度馬上就能更上一層樓。

在寫這本書的時候，我再次重新研究了古今中外的蛋料理，然後用了約８０００顆蛋來檢驗這些作法，過程中發現一件事情，那就是有些以往需要熟練專業技術才能做出來的蛋料理，到了現今由於調理器具的進化，任何人在家也能輕鬆完成。例如不沾鍋、手持式電動攪拌機……等，過去經常敗在高度技術、烹調困難的料理，在現代有了這些器具的幫助，都可以成功克服。

而我們所需要的就只是對於蛋的正確知識與理論。以最簡單的水煮蛋來說，只要掌握一些小訣竅，根本不需要加鹽、加醋，蛋殼也能變得非常好剝，想要不同的熟度也能輕易達成……等等，所有關於料理蛋的廚藝都會明顯提升。

偶爾試試如冷凍蛋那樣一時在網路上十分流行的料理手法雖然也滿有趣的，然而能夠豐富我們日常餐桌的，還是像水煮蛋這樣可以每天做、每天會吃到的料理。

這次為了讓家庭蛋料理可以再更美味些、更完美些，我努力將新的理論及現代已很普及的烹調器具作為基礎，製作出這本食譜書。而我的最大心願就是讀者能因為這本書，為身邊的人帶來更多美味與歡喜。

松浦達也

蛋的五大法則

5

1 蛋就算不是新鮮的也沒關係！

並不是所有食材都適用於「新鮮即是最棒的！」這種說法，根據食材、調理目的的不同，有時在適當的環境之下將食材多放置些時間，反而可以變得更美味。以蛋來說，這樣的例子還不少。比方說水煮蛋、西點等等，用稍微放久一點的蛋來做，還更容易成功呢！

2 水分&油分讓美味度UP

蛋同時具有親水性與親油性這種雙重特性的珍貴特徵。特別是蛋黃中的「卵磷脂」既親水也親油，實在是不可思議的性質，可以融於油也可溶於水。用了大量奶油的歐姆蛋、加了許多油的美乃滋……等，都是由於蛋的這項特性才會誕生的奇蹟。

3 入口即化、蓬鬆柔軟、滑潤可口。變化多端的口感

蛋料理十分豐富多樣，在口感上的呈現有歐姆蛋的入口即化、長崎蛋糕的蓬鬆柔軟、茶碗蒸的滑潤可口等等。其他還有像是一顆水煮蛋裡，有蛋黃那樣沙沙的口感，同時也有蛋白的Q彈，展現出各式各樣的可能。美味的關鍵就在於溫度與調味。而且蛋不只可做主食，從小菜到甜點，不論是鹹味或甜味，能呈現多彩多姿的風味。

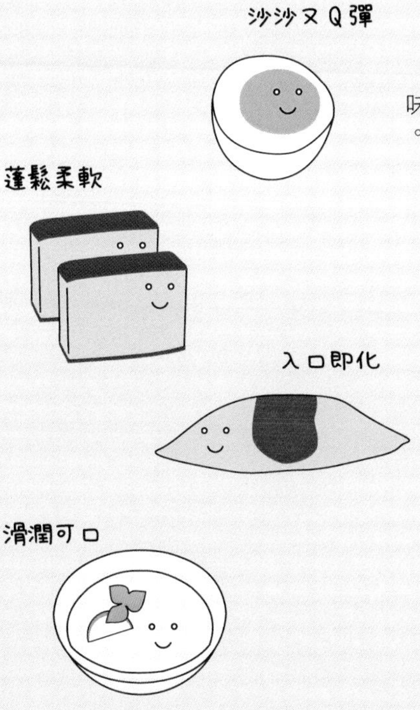

4 可連結所有味道與口感的萬用食材

為何炒飯前要先炒蛋呢？為何製作培根蛋黃義大利麵時要邊翻拌邊利用義大利麵的餘溫，將含起司的蛋液加熱呢？這都是因為蛋除了具有調和不同食材屬性的能力之外，還能為整體風味打下良好的基底。蛋是從主角到配角，不論哪個角色，都能充分扮演好的萬用食材。

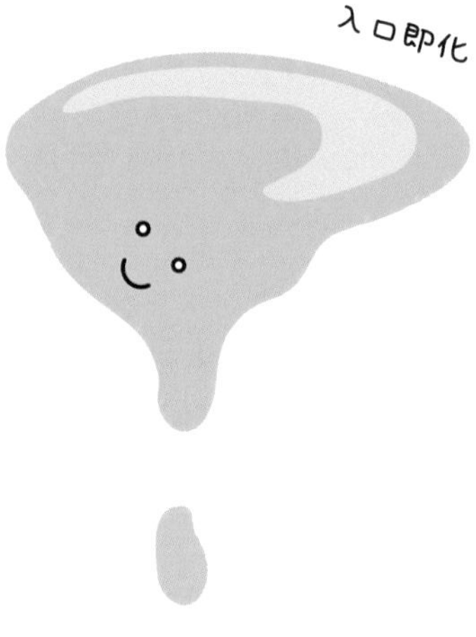

5 蛋是最棒的醬汁

不論是蛋黃半熟、入口即化的火腿蛋，還是煎得焦香脆口的培根蛋，都可感受到蛋黃與其他食材完美的搭配度，真是最棒的醬汁！日本人早在明治時期，在吃壽喜燒時，便將蛋黃拿來當醬汁使用了呢！

＼滿滿新知識！／

掌握「蛋的五大美味法則」，
一輩子做出的蛋料理都好吃
得不得了！

本書的使用方法

- 計量的單位 1 杯 =200ml、1 大匙 =15ml、1 小匙 =5ml
- 蛋的尺寸以中型（58g ～ 64g）為基準。
- 沒有特別說明的平底鍋，均是使用經過鐵氟龍加工處理的不沾鍋。

第二章 完美水煮蛋

／看起來簡單其實很深奧！＼

第三章

和蛋最速配的天菜：麵包、麵、飯

最百搭的配菜！

第四章 都市傳說中的蛋料理！

成功重現！

第五章 究極蛋製醬汁

熟練後就會是無敵！

第六章 蒸煮、打發、冷凍通通都來

／口感千變萬化！／

第一章

煎蛋的新基礎

首先，從煎蛋開始改善！

太陽蛋、日式高湯蛋捲、歐姆蛋……這些蛋料理，很多人可能都會說「這個簡單，我也會！」然而要確實做得好，卻意外地沒有那麼容易。現在就讓我們抱著「不會也是理所當然」的心情重新開始學起吧！

MENU 01

／裡面是濃稠滑溜的天堂！／

歐姆蛋

多一點奶油 風味更濃厚

POINT!!

要做到外皮非~常薄，而裡面是半熟的

歐姆蛋很難做!?學會理論、下點功夫還是可以輕鬆做好的。若有不沾鍋更可事半功倍！

■ 材料（1 人份）

蛋…2 顆
牛奶（如果有的話）…1 大匙
鹽…1 小撮
奶油…15g
黑胡椒粉、番茄醬…各酌量

※ 使用直徑 20cm 的不沾鍋

■ 作法

1 製作蛋液

將蛋打在調理盆中打散，加入牛奶、鹽後，再繼續打至均勻。

2 鍋子與奶油一同加熱

奶油放到平底鍋中，開中火，待奶油完全融化，且開始冒泡時，便將 1 注入鍋中，一邊前後搖動鍋子，一邊以料理筷在鍋中攪拌。

3 捲起

從第17頁的步驟中選擇有把握的方法將蛋捲起，盛入盤中，再依個人喜好撒上黑胡椒粉或擠上番茄醬。

詳情請見第16頁！

多點奶油即是美味的關鍵

牛奶中的水分與奶油中的油脂，即是「水與油」兩種不相容的物質。然而蛋黃中的卵磷脂可以連結兩者，產生乳化作用。由於奶油已經有多加一點了，所以就算沒有鮮奶油，風味一樣可以很濃醇。

HOW TO COOK!

任誰都能做出漂亮的歐姆蛋

歐姆蛋完美製作分解圖

請依自己有把握的程度選擇路徑

前面已大致說明歐姆蛋的作法，然而最後要將歐姆蛋從平面捲成立體的那一步特別地困難。不過別擔心，只要下一點功夫，任誰都能做出漂亮的歐姆蛋。

■ 所需材料與器具

蛋、鹽、奶油、牛奶、調理盆、平底鍋、料理筷、鍋鏟

■ 作法

① 打蛋

首先將蛋確實打散。為了讓牛奶中的水分、奶油裡的油脂兩者交融在一起，做出綿密濃稠的蛋液是打好基底的第一步。

② 蛋液倒入平底鍋

兩顆蛋、直徑 20cm 的小平底鍋分別為食材與器具的最小單位。開中火，待奶油完全融化之時，便是倒入蛋液的最佳時機。

③

---→ 有自信
---→ 不太確定

POINT!!

- 外層是薄如膜的蛋皮
- 裡面是細緻混合、均勻的半熟狀態
- 閉合處黏起來就算成功了

3 先將全體煎至半熟

一邊搖動鍋子，一邊以料理筷在鍋中攪拌，讓整體均勻受熱，若鍋中溫度太高，可以不時將鍋子拿離開火源。若是沒有自信的話，就趕快移往左邊的步驟。

有自信
可達到半熟

自鍋中取出，
倒入調理盆中攪拌

如果無法一口氣在平底鍋裡做到剛好半熟的程度，移到調理盆裡降溫並慢慢攪拌也 OK。重要的是達到質地細緻又均勻的半熟狀態。

4 推往前方集中

一邊轉成小火讓溫度下降，一邊將蛋推往鍋子的前方（離你較遠處），形塑出歐姆蛋。這個時候兩端的形狀要確實統一。

愈來愈有自信

朝自己的方向翻

讓蛋維持長條狀，一邊將鍋子朝自己的方向傾斜，用鍋鏟輕輕推捲，當兩面閉合之處朝下時，暫停約一次呼吸的時間，讓閉合處多煎一下，得以確實合起。

5 完成

外層是薄薄一層皮，裡面全是半熟的狀態，是最理想的完成品。從成品的模樣往回推，選擇最適合自己的步驟吧！再加上現在有進步的廚房器具，一定可以為我們的技術加分不少！

Memo

不沾鍋不會像鐵鍋那樣，即使溫度下降也不會黏鍋，所以不必顧慮該如何維持鍋中的溫度也沒關係，依著自己的速度來進行，就不用那麼害怕失敗了。

MENU 02

＼一般炒蛋無法比擬的美味！／

美式炒蛋

軟綿滑溜的口感，媲美飯店早餐的水準

POINT!!

從頭到尾「嚴守小火」才能做出的美味

不需要什麼困難的技術，只要開小火，在鍋中不斷耐心地攪拌即可。就是這麼簡單，便可以打開未知的美味之門。

■ 材料（1 人份）

蛋…2 顆
牛奶…2 大匙
鹽…1 小撮
奶油…20g

■ 作法

1 製作蛋液

將蛋打進調理盆中，加入牛奶、鹽，充分打勻。

2 鍋子與奶油一同加熱

奶油放入平底不沾鍋中，開小火。待奶油完全融化後，倒入 1，以矽膠鍋鏟持續翻炒，每次翻炒都須鏟至鍋底。若感覺到受熱不均、熱度集中鍋中央，便將鍋子從火爐上移走，放在溼抹布上稍微降溫。之後再回到爐上繼續，全程都要使用小火。

3 起鍋

蛋凝結成膏狀、帶點黏度時，即可關火起鍋。

※蛋在高溫下會瞬間凝固、變乾。蛋白與蛋黃混合的蛋液凝固的溫度在66℃。做這道蛋料理時，以60℃為目標，慢慢加熱，便可做出溼潤、滑嫩的口感。

整體平均地加熱、讓溫度慢慢上升

將接觸熱源的蛋液在凝固前即從底部打散、混合，讓整體的溫度平均地慢慢上升。有時量較大會很花時間，重點就是要有耐心。若是加鮮奶油，則牛奶與奶油的量可以適度減少。

知道蛋與奶油有多契合

歐姆蛋與美式炒蛋將變得更加美味

對於歐姆蛋、美式炒蛋等西式的蛋料理來說，奶油、牛奶、鮮奶油裡面所含的乳脂肪，是不可或缺的好夥伴。

比方說，在要做歐姆蛋的蛋液裡加入含有乳脂肪的鮮奶油，就能成為較安定的蛋液，更容易做出形狀漂亮的成品。有些研究加熱時蛋的性質變化之論文也指出，在加熱之後，加了含乳脂肪的鮮奶油的蛋液會比加沙拉油的更軟嫩、滑口。

蛋，特別是蛋黃之中所含有的卵磷脂，具有同時親水又親油的特性。本來無法彼此相融的水與油之間，若有可以結合兩者的成分，即所謂「乳化劑」存在，兩者就能在一定的條件之下融合在一起。

而蛋黃的卵磷脂本身就是乳化劑。以醋、油、蛋黃等構成的美乃滋，便是最具代表性的產品，本書介紹的班尼迪克蛋（第58頁）所使用的荷蘭醬，也是利用了蛋黃中含卵磷脂的這個特性調製而成的醬汁。

前面幾頁示範的歐姆蛋或美式炒蛋都沒有加鮮奶油，而是加了奶油與牛奶來代替。由於加了稍多的奶油與牛奶，就算不用鮮奶油，也能夠做出軟嫩滑順的歐姆蛋與美式炒蛋。

順帶一提，那獨特的軟綿口感之中其實還藏有另一項祕密。我們將水煮蛋切開時很清楚地可以看到蛋黃是許多細小粒子的集合體。而生的蛋黃加上少許鹽，這些細小的粒子就會分散、崩解，因此口感上也會變得滑順。

想想那些以「蛋＋鹽」的料理，如歐姆蛋、日式高湯蛋捲、美乃滋、茶碗蒸……等等，在眾多蛋料理之中，它們滑順的口感是不是特別明顯？在烹飪還不是一門科學，還得靠經驗值累積的時代，發明這些菜色的前輩們是不是非常偉大？

解讀這些食譜的要訣，不只可以強化其特徵或是簡化成更方便的作法，還可以讓蛋料理更進一步、提升到更高的層級。

那些簡易食譜網站追求接受度高的簡便作法，或是毫無根據、只想節省步驟、強調「只要幾步」的食譜，是無法讓人滿足的。做菜的人，想要款待他人的心是存在於「『希望還可以再變得更好吃一點』，於是不斷在理論與實踐下功夫」的過程之中。

一定可以找到！

一生中最完美的荷包蛋

天天煎的荷包蛋，真的是你想吃的荷包蛋樣子嗎？

荷包蛋的作法，我們總是不小心就照著習慣去做，成為無法改善、升級的蛋料理代表。要是能夠煎出一生中最完美的荷包蛋，從此人生將會變得不一樣！

【重點】

首先從這裡開始！

若將蛋直接打進平底鍋中，可能會有蛋殼不小心掉進去、蛋黃位置不對而導致失敗等狀況。煎荷包蛋的第一步還是先把蛋打到小容器裡，再倒入平底鍋才對。

從高處打下全蛋，不僅有濺油的風險，蛋黃也容易破裂，吃起來口感也會較黏膩，若沒有特別想要這樣的成果，還是溫柔地將蛋打在容器裡吧。

POINT!!

煎荷包蛋時的三個選擇

① 你喜歡的色澤

② 你喜歡的口感

③ 全熟？半熟？

全生到半熟

1 想要煎出美麗的黃金色澤

不蓋鍋蓋 靜靜等待

不是只有家政課教的方法才正確。即使蛋白沒有到全熟，也還是很好吃，放在白飯上，淋上一圈醬油，就很美味！

半熟到全熟

2 想要有焦脆的口感 那就翻個面吧！

翻面

兩面都仔細煎過，同時也能達到裡面入口即化（或是綿密柔滑）的熟度，拿來夾三明治最棒！

生一點熟一點 自由調整

3 想要有滑順又Q彈的咀嚼感

該鍋蓋出場了！

煎荷包蛋是學校家政課會教的基礎課程。若想要蛋黃半熟，就在鍋中倒點水，並蓋上鍋蓋，讓熱源可以同時在蛋的上下兩層溫柔地加熱！

要煎出美味荷包蛋不可不知的事

水煮蛋、荷包蛋這類活用蛋白與蛋黃各別特徵的料理，乍看之下讓人覺得很單純簡單，事實上卻是有點難度的。即使是擅長烹調蛋與肉類等蛋白質料理的國家——美國，在科學烹飪相關的書裡也有提到：「問問那些主廚所謂完美的蛋料理烹調法，保證問二十人會得到二十種不同的答案。」（出自《Modernist Cuisine》）。

前面所示範的基礎荷包蛋，除了可以用各種不同方法來做之外，還能有很多不同的變化。以前NHK的家庭生活節目「GATTEN！」，在有一集討論荷包蛋的單元中介紹的作法是「把蛋白、蛋黃分開，先將蛋黃放到平底鍋中加熱之後，再倒進蛋白半蒸半煎。」又例如在日本最大食譜網站Cookpad中輸入「荷包蛋」這個關鍵字搜尋，就會跑出約五千則的作法，可見這道料理有多熱門。「一個荷包蛋究竟有多少種作法？」這問題不但令人十分好奇，換個角度還可以發現，要煎一顆不過60公克的蛋，竟然沒有一個人可以找到「正確的作法」，也就是說，其實根本沒有正確的答案。

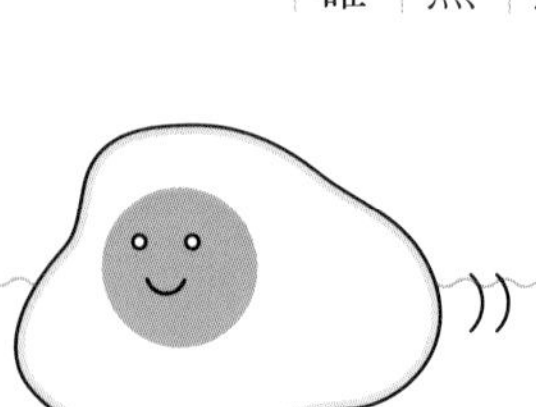

不過，就算沒有正確答案，我們還是可以打破常規，將蛋黃蛋白分開來看，整理出它們的物質特性與處理它們的方法。

蛋黃篇

・生的狀態下，浸漬在味噌、醬油等含有鹽分的調味料中，會增加其濃稠度。
・加熱到60℃左右黏性會增加，65℃～70℃之間會凝固。
・加熱到70℃左右還保有溼潤感，80℃以上就會慢慢開始變乾。

蛋白篇

・蛋白在60℃左右開始固化，70℃左右便會維持在凝固狀態。
・加熱到75℃左右便幾乎是完全凝固，一路加熱到90℃左右的過程中口感仍會緩慢地變化（一點一點地再慢慢變硬）。
・即使是遇熱凝固後，浸漬在含有鹽分的調味料中，仍會進行脫水作用而增加硬度。

不論是溫泉蛋或是溏心蛋這類水煮蛋的變化形，均是利用了上述這些物質特性達到各種變化的結果。只要懂得利用料理過程中的溫度調控與不同手法的組合，蛋料理就還有很多進化、變化的可能呢！

MENU 03

＼提升保水度，溼潤滑口／

日式高湯蛋捲

一口咬下湯汁滿溢!!

POINT!!

加一點點太白粉，讓保水效果更顯著！

只要加一點點太白粉，蛋原本具有的保水力就會明顯提升，能做出溼潤滑口，飽含湯汁的日式高湯蛋捲。

■ 材料（2 人份）

全蛋…2 顆
高湯…100ml
薄口醬油…1 小匙
砂糖…1 小匙
太白粉…1 小匙
沙拉油…適量
蘿蔔泥…酌量

■ 作法

1 **製作蛋液**

將兩顆全蛋確實打散，加入高湯、砂糖混合均勻。太白粉加入薄口醬油中，攪至融化後，再加到蛋液中打勻。

2 **下鍋前的準備**

將沙拉油倒入小容器裡，廚房紙巾摺小，浸泡在沙拉油中吸取，日式煎蛋鍋放到爐上，開中火，並在鍋底抹油。拿料理筷沾一點蛋液滴在鍋中，若很快發出「嗞―」的聲音，表示熱鍋已完成。

3 **下鍋煎**

蛋液下鍋前再次打勻，在煎蛋鍋中倒入60ml的蛋液，從較遠端朝自己的方向將蛋皮捲起。以料理筷夾取吸了沙拉油的餐巾紙，再次於鍋面上刷上油。將捲好的蛋皮移動到離自己較遠的那端，並在蛋捲的下方倒入蛋液，再次捲起。如此反覆2～3回，煎好後盛盤，附上蘿蔔泥即可上桌享用。

從第二次倒蛋液開始，要先將原本煎好的蛋捲抬起，好讓蛋液流到蛋捲的下方。

蛋：高湯＝1：1也很好吃

一般的日式高湯蛋捲，蛋與高湯的比例是2:1，一咬下去便容易湯汁四溢。加了少量的太白粉和砂糖，蛋與高湯的比例即使調降為1：1，也可以確實保住水分，不只熱熱的吃好吃，吃冷的更美味。

MENU 04

＼西早稻田・八幡鮨直授／

薄燒蛋魚板

新鮮蝦漿與魚漿構成的高雅甜味

POINT!!

使用白肉魚，凸顯蛋的柔軟口感

這是加了新鮮蝦漿、白肉魚漿製成的江戶前傳統薄燒蛋魚板。可以的話，請用生食等級的白肉魚來做魚漿。

■ 材料（2 人份）

蛋…3 顆
白肉魚…80g
蝦仁（白蝦等品種均可）…20g
日本山藥…15g
鹽…1 小撮
醬油…1 小匙
砂糖…50g
味醂…2 小匙
沙拉油…適量

■ 作法

1 備料

蝦子剝殼，撒上鹽、太白粉（材料外），充分搓洗乾淨。山藥削皮後磨成泥。蝦仁、白肉魚、鹽、醬油放到食物調理機中打成泥，再加入山藥泥，整體攪拌成為均勻的魚漿。

2 製作蛋液

把蛋打入調理盆中，加砂糖、味醂、1的魚漿後，充分混合，同時要注意不要過度打到發泡。

3 下鍋煎

在日式煎蛋鍋中倒入油，以極小火加熱，注入2的蛋液，蓋上錫箔紙做的蓋子，煎8～10分鐘後，取下錫箔紙，進烤箱（若烤箱可以分別調整上、下層火力的話，僅用上層的火源即可）烤3分鐘，讓表面呈現金黃烤色即完成。

再現江戶前的香味

這款薄燒魚板也被稱為「壽司蛋（寿司玉）」，加了蝦仁、白肉魚做成的魚漿，是在家也能做出的絕品蛋魚板，食譜由明治元年創業的西早稻田「八幡鮨」第五代傳人安井榮一先生傳授。成功的祕訣在於盡可能不要過度打發。

為何日式高湯蛋捲中要加糖或味醂？

每當我們要將日式高湯蛋捲介紹給外國觀光客，特別是歐美人士的時候，總會看到他們在入口之前都一副興趣缺缺的樣子（他們似乎都覺得那不過就是歐姆蛋而已嘛），在咬下一口之後，便可看到他們瞬間浮現「ＷＯＷ！」的驚訝表情。

這道擄獲（外國）人心的日式高湯蛋捲最大的特徵，就跟它的名字一樣：內含高湯。進一步拆解高湯的元素可以得到「鮮味＋水分」，因此日式高湯蛋捲這道料理可以說除了鮮味之外，「水分」也是它的命脈。

日式高湯蛋捲美味的關鍵，就在於如何使其飽含水分。第一步最重要的就是將蛋充分打散，特別是濃厚的蛋白若沒有完全打散的話，蛋白很容易就凝固，將會使整體的含水量減低。

另一個關鍵就是加糖，因為砂糖的特性是容易與水分子結合。食品中的水分大致可區分為「自由水」與「結合水」，其中自由水會因為加熱而蒸發，但與砂糖結合就會成為結合水，因而維持在液體的狀態，這也是提升日式高湯蛋捲含水量的關鍵。

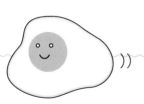

另一個使保水力大幅上升的則是澱粉。以本書所示範的日式高湯蛋捲來看，能有高保水力便是加了一般廚房裡都會有的太白粉。看看那些京都料亭外送便當裡的日式高湯蛋捲，即使冷了也不會出水，就是因為在作法上下了功夫——在蛋液裡加了太白粉，使得蛋捲具有高保水性，在捲蛋皮的時候可以含有最多的水分卻又不容易破。

要讓日式高湯蛋捲可以富含水分，吃來滑順柔嫩的祕密就在於「蛋要充分打散，以提升含水量」以及「加入糖與澱粉等可提高保水力的材料」，這些都是從以前流傳下來的作法，其背後也是有相當的科學理論支持。

壽司店的燒蛋魚板用料都是有道理的

本書中介紹的壽司店薄燒蛋魚板（第28頁），所用的材料都是有其道理的。在距今將近五十年前，有份「關於燒烤料理的研究之厚燒蛋捲篇」的學術論文中，也提到了在要做蛋捲的蛋液裡加入魚漿的研究。

白肉魚的魚漿加熱後會造成肌纖維崩解，使得口感變得柔軟。加入愈多白肉魚，相對的蛋所占的比例便會降低，彈性也跟著下降，也就是口感會變得鬆軟。而若是加入一定分量的魚漿，加

熱時則有抑制蛋膨脹的效果。蛋經過打發後加熱會膨脹，可是之後便容易塌陷，加了魚漿便能降低塌陷的風險。另一方面，含有許多還原糖（一種糖分）的味醂則是焦香味與漂亮焦糖色的來源。

煎蛋的鍋子真的是銅製的最好嗎？

不久前網路上有篇部落格文章比較了「用銅鍋、鐵鍋與不沾鍋做日式高湯蛋捲的實驗」，引起了不少回響。

這篇文章是用了在廚具店買到的銅、鐵與不沾塗層三種不同材質的煎蛋鍋，來做日式高湯蛋捲的實驗。從結論來看，銅鍋煎出來的蛋捲最厚且具溼潤度，富含湯汁的美味；鐵鍋煎的也頗溼潤，含有水分；而不沾鍋煎出來的則是口感較硬。從照片上看三款蛋捲的切面，銅鍋煎出來的明顯就是較大塊。

因此網路上一片叫好：「果然還是銅鍋厲害！」，我自己也喜歡用銅製的煎蛋鍋，因此第一時間也認為「沒錯，銅鍋果然好用！」但仔細研讀這篇部落格文章，竟然發現讓人跌破眼鏡的問題……原來這位部落客在做這項實驗時，不斷調整了火力。「不沾鍋在大火下容易燒焦，轉成小火煎又很費時；鐵鍋雖然導熱快，卻也意外地容易燒焦，煎的時候得要特別費心，全程大約五分鐘；銅鍋我平常都在用，大約煎三分鐘就完成，非常快。」

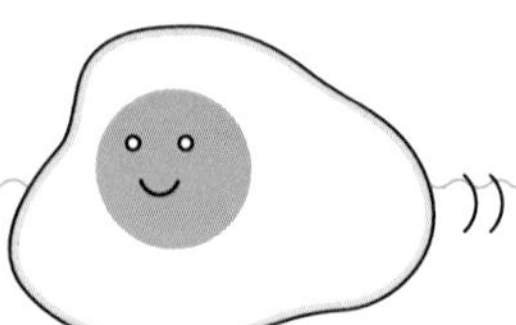

特別做了這樣的實驗卻是用不同的條件來驗證，等於沒有意義了。

於是我自己拿了銅鍋與不沾鍋（我沒有鐵鍋），以同樣的條件試著做比較，結果與該篇部落格文章在烹調時間上沒有太大的差別，但並沒有出現「不沾鍋在大火下容易燒焦」的狀況。

兩種鍋子用起來確實多少有些差異，這也是必然的。在熱傳導係數上，銅是三九八、鐵八三．五、不沾塗層為〇．二四，銅鍋最能直接反映火力，只要用習慣了，銅鍋一定是最好用的。

做日式高湯蛋捲時，需要來回多次注入低溫的蛋液，每次倒入蛋液時都會使鍋子的溫度下降，因此「能快速回升到最適合煎蛋溫度」的鍋子最適合做日式高湯蛋捲，這個大原則是正確的，所以用銅製的煎蛋鍋確實能做出漂亮的蛋捲。

那篇部落格文章如果能夠這樣正確傳達就完全沒問題，真是可惜了……現代社會就是這樣，可信與不可信的資訊全都混雜在一起。由於社群網站、部落格的發達，資訊提供者與接收者的界線愈來愈模糊，即使是在接受或發送關於一顆蛋的資訊之時，也帶著懷疑「什麼才是正確資訊？」的態度去進一步思考，是我們每個人都應具備的能力。

MENU 05

／白飯一碗接一碗停不下來／

入口即化的農家煎蛋

入口即化的口感連一滴醬油都捨不得留下！

POINT!!

開大火，確實燒熱油鍋，一氣呵成！

把握「倒入稍多的油以大火燒熱」這項要訣，將蛋打散，下鍋後一分鐘內起鍋，是一道講求迅速確實的省時料理！

■ 材料（2 人份）

蛋…3 顆
橄欖油…2 大匙
高湯醬油…適量

■ 作法

1 預先準備

蛋在調理盆中打散。將不沾平底鍋（直徑約 20 cm 的小鍋）或日式煎蛋鍋以大火加熱。

2 下鍋煎

鍋子充分溫熱之後，倒入橄欖油。倒進蛋液，一口氣不停攪拌，待整體達到半熟的程度時便起鍋，將蛋滑進盤中，淋上高湯醬油即完成。

轉眼間就完成

這是在這幾年間，春天播種、秋天割稻，惠我良多的櫪木縣真岡市絕品越光米農家廣瀨農園的阿姨做給我吃的煎蛋。第一次看她做的時候，因為動作實在太快，還來不及看她怎麼煎的，就已經上桌了。

再來一碗白飯！！

MENU 06

＼根本不是麵粉類製品！／

大阪燒

外形漂亮又健康！

POINT!!

麵粉只要一點點！
蛋同時是食材也是配料

大阪燒一般會被視為麵粉製品，但其實麵粉也只是用來連結所有食材，只要一點點就可以將蛋與大量蔬菜一起煎成完整的大阪燒！

■ 材料（2 人份）

蛋…2 顆

A
- 日式高湯…40ml
- 低筋麵粉…2 ～ 3 大匙
- 日本山藥…2 大匙
- 高麗菜…⅙顆（約 200g）
- 長蔥…⅙根
- 紅薑、炸麵粉…各 1 大匙
- 鹽、泡打粉…各 1 小撮

豬五花肉片…2 片（約 50g）

大阪燒專用醬汁、柴魚片、青海苔粉、美乃滋…各適量

沙拉油…適量

■ 作法

1 製作麵糊

高麗菜、紅薑切成粗絲，長蔥切成蔥花，日本山藥磨成泥，將一顆蛋與A的材料全放到調理盆中充分混合。

2 下鍋煎

平底鍋或是鐵板上倒進沙拉油，開中小火加熱，將①的麵糊盡可能厚厚地鋪上，將豬肉片平放在最上方，煎至七分熟後翻面。

3 完成與裝飾

另起一個平底鍋或是在鐵板別處的空位上倒點沙拉油，打上一顆蛋，立即以鍋鏟將蛋黃以十字劃開，將②擺到蛋的上方，整塊餅以每次90度的方向轉動，待整體材料都熟了之後移至盤中，依個人喜好淋上醬汁、撒上柴魚片等調味料即完成。

將煎好的餅放到蛋上後立刻開始轉動，蛋就會呈現大理石般的紋路。

嚴禁拍打、施壓！

在關西儼然已成為一種常識：大阪燒在煎的時候是不能用鍋鏟拍打或施壓的。麵糊倒進鍋中之後只能等待，翻面後同樣繼續等它熟，之後再好好享受鬆軟口感之中蛋與高麗菜的甘甜風味！

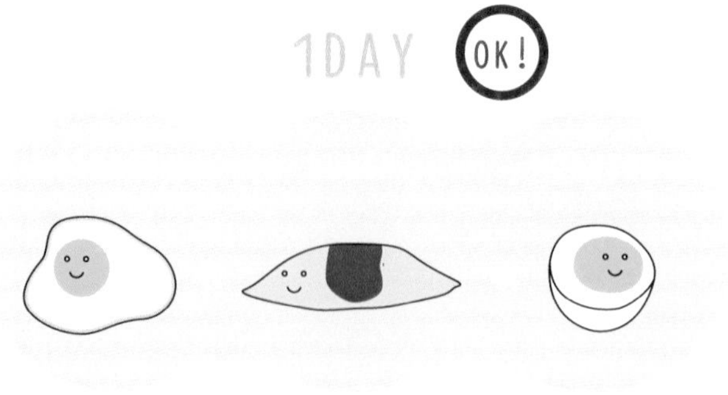

為何一天吃超過一顆蛋也沒關係？

高膽固醇不是吃出來的

「蛋一天吃一顆就好！否則膽固醇會太高！」

長久以來這句警語被當成常識，時時有人拿出來說。然而這句話現今在世界各地都被證明是錯誤的。在新的健康趨勢之下，這項認知漸漸在各國的健康飲食標準中被撤除。日本也在二〇一五年將「一日飲食中的膽固醇目標攝取量成年男性750mg、成年女性600mg」這項標示撤除。

理由是「目標攝取量的推算並沒有百分百的科學根據」。事實上，關於過度攝取膽固醇而造成動脈硬化之風險，一直以來都有研究者懷疑這樣的理論。

最近的研究指出，藉由飲食而產生的膽固醇約占20～30％。然而若是從飲食中攝取的量不足時，肝臟自行合成的膽固醇數量便要增加，若能多從飲食中攝取的話，體內所需合成的數量便可以減少一些。也就是說，不論吃幾顆蛋，對身體的影響遠遠小於我們所認知的程度。當然若是攝取超過一般所能接受的量一定是不好的，但是近年的學說大多認為「多吃一、兩顆蛋」並不需要太過在意。

雖說飲食對膽固醇升高的影響有限，但也不是鼓勵大家可以暴飲暴食，仍應該避免過度壓力、暴飲暴食、攝取過多的醣質、酒精。另一方面，原本「壞膽固醇」（低密度脂蛋白膽固醇，LDL）數值高的人可能本來就有高血脂，還是建議飲食要有所控制、適量為佳。

結論就是，最重要的是避免醣質和酒精的過度攝取，並且飲食均衡，當然適度的運動也是一定要的。

第二章

完美水煮蛋

／看起來簡單其實很深奧！／

水煮蛋？理所當然就放到水中煮熟就好呀。相信很多人都會這麼認為，然而事情真有那麼簡單？依預想的熟度，煮出好剝又入口即化的溏心蛋可是有技術的。學會了，從今以後「水煮」、「剝殼」都變得加倍輕鬆！

MENU 07

水煮蛋

／不必加鹽加醋也能成功／

從熱水開始煮起，蛋黃熟度依你所好

POINT!!

平常即把握好蛋的特徵

蛋的大小、特徵，會因品牌而有所不同，選對要使用的蛋，就能煮出完美的水煮蛋。不需特別將蛋恢復到室溫也沒問題。

■ 材料（1人份）

蛋…1顆

水…適量

■ 作法

1 剛從冰箱拿出來的蛋也OK

取一小鍋，將水煮沸。蛋稍微清洗沾溼，於鈍端用圖釘等小針刺一個小洞，放在金屬製的漏勺中，爐子轉至中小火，將漏勺放進鍋中，讓蛋整個能浸泡在熱水中。蛋剛從冰箱拿出來也沒關係，水裡不需加鹽或醋。

2 熱水不用一直是沸騰狀態

火力維持在不會一直滾沸的狀態。蛋若還在保存期限內的話，不用一直翻轉它也沒關係。就這樣靜待蛋煮至所需熟度的時間（冰箱拿出來的蛋，蛋黃較稀，若想煮到蛋黃半熟、濃稠的程度大約需要6分30秒），再取出沖冷水。

3 細小的裂痕＋流動的冷水是必要的！

以湯匙的背面敲敲蛋殼，形成細小的裂痕。當薄膜與蛋白之間有水滲入，感覺變得較容易剝殼了，便一邊開著水龍頭沖水（或是泡在一盆水中也可以），從蛋的鈍端那頭開始將殼剝除。

詳情請見第42頁！

從熱水開始煮起是基礎！

水煮的時間只是大致估量！

最近市售盒裝蛋常可見不同大小混裝在同一盒中，且常溫／冷藏的不同保存方式，也會大大影響烹調結果，因此烹調時要將尺寸、溫度列入考慮，依狀況調整水煮的時間。

HOW TO COOK!

跟著照片一步一步來
水煮蛋過程全圖解

完美水煮蛋指南

如果這樣還是煮不好，可能就要檢查一下蛋的狀況了！

「不過就是個水煮蛋 ...」若是這樣想，可就太天真了。正因為是每天會吃到的蛋料理，光是可以乾淨俐落地剝下蛋殼，一天的心情就會完全不一樣。而且只要稍稍調整，水煮蛋就會變得非常好吃。

■ 準備用具

蛋、圖釘、鍋子、漏勺、湯匙、溫度計（有的話）

■ 作法

有在賣專門的工具喔！

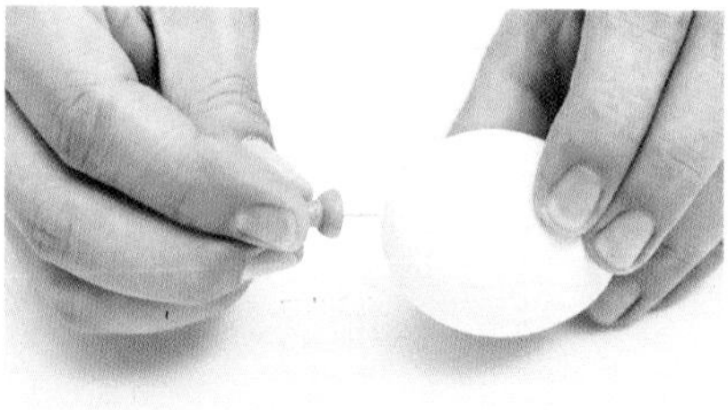

① 在蛋的鈍端刺出一個小洞

將蛋橫放，在蛋較鈍的那一端以圖釘等工具刺出一個小洞。也可以用菜刀的一角等其他工具輕輕敲一下，但有可能會整個都裂開，力道拿捏要特別小心。

② 使用漏勺，將蛋放進鍋中

因鍋中的水正熱，若是將蛋直接放進去可能會造成整個蛋殼都裂開，因此最好是先放到漏勺中再輕輕慢慢地放到已滾過的熱水裡，就可以開始同時加熱。

③

POINT!!

- 基本動作是從放到熱水中算起，煮 6 分 30 秒
- 在蛋殼上刺出一個小小的洞
- 讓水流進蛋殼膜與蛋白之間

3 保持水溫在90～98℃之間

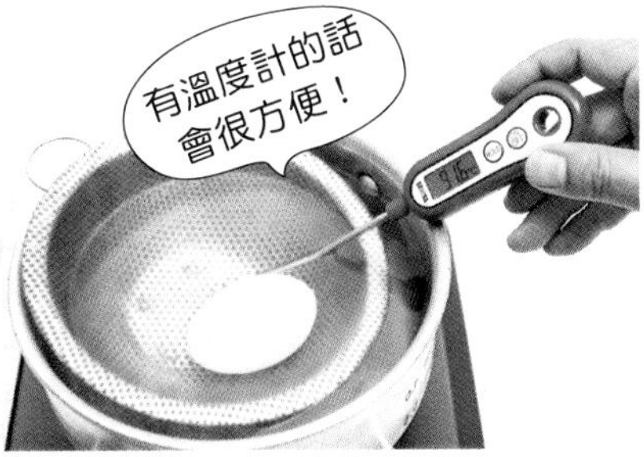
有溫度計的話會很方便！

蛋若在不斷沸騰的熱水中煮，很容易一撞到旁邊就裂開來。若是想要達到蛋白完全凝固的狀態，請讓水溫控制在95℃以上。

4 以冷水急速冷卻真正的作用

藉由中止熱能的傳導，可準確控制想要的熟度。沖水急速冷卻，使得遇熱膨脹的蛋開始收縮，與蛋殼分離，就會變得容易剝除。

5 用湯匙的背面敲出細細的裂痕

特別是半熟蛋絕對要遵守的鐵則。將「放在密閉容器中搖動」、「敲打後再滾幾圈」等方法用在半熟蛋上，結果便是粉身碎骨，正確的作法應該是以湯匙的背面輕輕敲打後再剝。

6 一邊沖水一邊剝殼

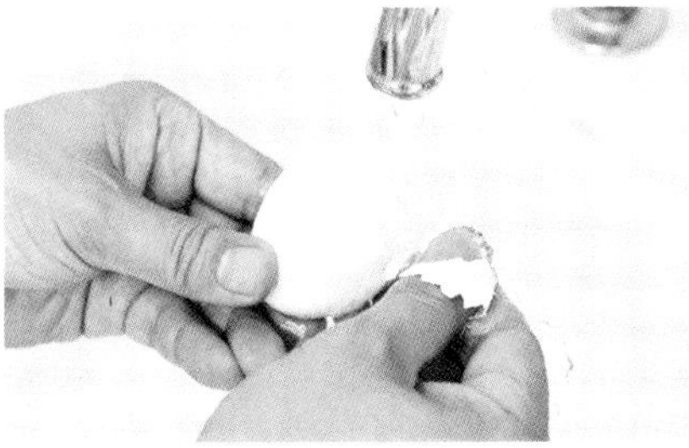

讓流水進到蛋膜與蛋白之間，再以螺旋狀一點一點地剝下蛋殼。剝下部分的殼，以手指稍微用力押一下捏碎，會更好剝。

7 完成！

Q彈的蛋白之中有著綿滑的蛋黃

首先記住要煮出有綿滑蛋黃的半熟蛋所需的水煮時間是6分30秒。之後可以依常使用的蛋的大小、常溫或冷藏等等自己的習慣或生活方式來調整。此外再參考第41頁的熟度示範，依個人喜好調整水煮的時間。愈常做，就會愈好吃！順帶一提，若想要做出像第55頁法式美乃滋蛋那樣黏稠度較高的蛋黃，就使用剛從冰箱拿出來的蛋，在熱水中煮6分鐘，浸到冷水中幾秒後馬上撈起，再自然放涼10分鐘即可。

其實「蛋不那麼新鮮更好」!?

「用新鮮的蛋做水煮蛋會很難剝殼。」這個事實最近已漸漸為眾人所知了。只是對於「造成新鮮的蛋難剝殼的理由」，似乎還有些誤解。

新鮮的蛋之中，蛋白含有大量的二氧化碳，因此一般的說法是「蛋中的二氧化碳經過水煮而膨脹，將蛋白往蛋殼推擠，使得蛋白緊緊貼著蛋殼，便不好剝除。」

但其實水煮蛋的蛋殼好不好剝，主要取決於蛋白與殼內側的膜（蛋殼膜）之間貼合的強度，而影響兩者貼合強度的則是酸鹼值（pH）。

新鮮的蛋，蛋白pH值約為七．六，此數值使得加熱後的蛋白與蛋殼膜緊密貼合。而蛋白若放得較久，pH值會逐漸提高，最高到九．二左右（鹹性變強），如此一來，蛋殼膜與加熱後的蛋白之間的連結會變弱，也就容易剝離。

只是究竟該把蛋放多久才會變得好剝呢？根據研究結果顯示，大約是一個星期前後。國外甚

至有研究報告指出「4℃下放五天、24℃放三天、38℃放一天」。一般來說，蛋從被生下來之後的二到三天內就會被送到零售店去銷售，從店裡買回家放常溫兩天，或是放冰箱冷藏四天左右的蛋拿來做水煮蛋就會是最好剝的狀態。

不時也有人會說「以前的蛋都比較好剝」，就是這個原因。現在的蛋因為多半購自超市，大多是擺在冰櫃中販賣，從出貨一路到店面銷售都是冷藏的狀態，而以前則是常溫保存。那時一般家庭在煮水煮蛋的時候，通常用的是從採集到買回家，經過約三天常溫保存的蛋，所以當然是好剝的。

依牌子不同，好剝的程度也不一樣

不過，好不好剝也不完全由存放時間的長短來決定。這次我用了三十種以上、不同品牌的蛋，試著煮成「從熱水開始煮6分30秒的半熟蛋」來剝剝看，即使是同一天採集的蛋，好剝的程度也不一樣。我原本以為全程冷藏配送，從採集到使用約經過三天的蛋會比較好剝，結果卻是在店裡用常溫保存，而且過了一陣子還沒賣出去，最後還降價求售的蛋更好剝。

若是發現在這家「買的蛋煮成水煮蛋會很難剝」，換換採購的超市與品牌也是有效改善這個問題的方法。

如果只是單純考慮好不好剝的問題，這裡也有小撇步可以參考。只要在煮蛋的熱水中添加小蘇打粉，蛋白與蛋殼膜的部分就會有鹹性物質滲入。小蘇打粉加熱之後水的鹹性會變強，在沸騰的熱水中加入小蘇打粉，就會變成小蘇打熱分解水（百分之〇・一的溶液），pH值達九・四，比放得較久的蛋還高，如果一直覺得蛋殼太難剝的話，可以試試這個方法。

當然了，別忘了要在蛋的屁股（鈍端）以圖釘打個洞。

為何蛋要有「賞味期限」呢？

日本的生鮮洗選蛋需要標示賞味期限。也許會有人想說「這不是廢話嗎！」但所謂的「賞味期限」其實是為本身不易腐壞的食品標示出「風味較佳的時期」，蛋、牛奶、納豆等一部分的生鮮食品及罐頭、泡麵、餅乾點心等加工食品，也依日本食品表示法的規定，有義務標上這項資訊。

另一方面，日本也設有「消費期限」，這是針對食品衛生安全容易出問題的生鮮食品、加工食品所設定的，一般以數日為限。比方說已包裝的海鮮、肉類、熟食、便當、三明治、沙拉等等。

也就是說，賞味期限擔保的是「美味」，消費期限擔保的是「安全」，各有其重要性。食材的「消費期限」，時間上大多會設得較有餘裕，主要是保證期限內食安上不會有問題。

而蛋是重視「美味」的食材，因此被設為需標示賞味期限的對象。

其實蛋跟它所給人的印象相反，是不容易腐敗的食材。生蛋的蛋白裡含有大量的酵素——溶菌酶（Lysozyme，又譯溶解酶）。溶菌酶具有可分解構成細菌細胞壁的多醣體之特性，也就是說，蛋的構造是從外側的殼→蛋白→蛋黃，因此細菌很難繁殖。

英國韓福瑞博士的研究中指出「在冬季，沙門氏菌（Salmonella）五十七天內不會增殖，蛋可生食。」按照這個理論，五十七天內保存於溫度10℃的蛋可以生吃，因此放冰箱冷藏的話，幾乎可以視為相同條件。

不過這裡有個陷阱要注意。大部分家庭的冰箱收納蛋的地方多是設在冰箱門上，將蛋收在這裡，會讓蛋的壽命減短。

理由是「振動」與「溫度」。即使是冰箱門開開關關的振動，也可能會讓蛋產生些微的裂痕，此外，冰箱門比起冰箱內更容易產生溫度變化，因此，不要忘記蛋再怎麼說也是生鮮食材，應盡可能收放在少振動、溫度變化不那麼大的地方。此外，還有一個保存的基本方法，就是「蛋的屁股（鈍端）要朝上」。

MENU 08

／少鹽，蛋白Q彈美味／

溏心蛋

蛋白的軟硬度由浸泡液的濃度來決定

■ 材料（2 人份）

· 水煮蛋

從熱水開始加熱 6 分 30 秒的半熟蛋…2 顆

· 浸泡液（用市售的日式涼麵沾醬再稍微調淡一點也可以）

昆布…5cm×5cm

柴魚片…3g

醬油…2 大匙

味醂…2 大匙

水…100ml

POINT!!

稍淡的調味×較長的浸泡時間
連蛋黃都能入味

浸泡液的濃度較高時，可以在短時間內就讓蛋白有味道，但也容易變硬，且蛋黃來不及入味。

■ 作法

1 製作浸泡液

將浸泡液的所有材料全都放到小鍋中，以小火慢煮，水滾後即熄火。以小濾網撈出材料，稍微放涼（或是使用市售的日式濃縮涼麵沾醬加水調至一般可沾食的濃度）。

2 將蛋浸泡其中

將 1 放入夾鍊袋中，將水煮蛋浸泡在裡面，插入吸管，盡可能地將袋中的空氣擠出，再放入冰箱冷藏醃漬1～2晚。

MENU 09

鹽味水煮蛋

／鹽味會穿透殼，滲入蛋中／

一邊放涼，一邊入味

■ 材料（2人份）

・水煮蛋

從熱水開始加熱8分的水煮蛋（不剝殼）…2顆

・浸泡液

水…150ml

鹽…3大匙

POINT!!

從殼外讓味道慢慢滲入，就跟便利商店賣的一樣

將水煮蛋泡在冰涼的高濃度鹽水中，即使帶殼也能在短時間入味，真是一石二鳥!!

■ 作法

① 製作浸泡液

將鹽盡可能地溶於水中，倒進夾鍊袋裡，放到冷凍庫中冰至快結凍的程度（鹽水結冰需低於零下20℃，因此放入一般家用冰箱通常不會真的結凍）。

② 將蛋浸泡其中

從熱水開始煮蛋8分鐘，撈起後不剝殼，趁熱放入①之中，並利用吸管將袋中空氣排出。放到冷凍庫中約10分鐘後，將水煮蛋從鹽水中取出，吃之前再剝殼即可。

※雖然可以馬上食用，不過把蛋從鹽水裡拿出來之後，不剝殼靜置一會兒會更入味喔！

MENU 10

＼用茶葉也可以／

半熟煙燻蛋

要被淘汰的鋁鍋派上用場了！

■ 材料（2 人份）

溏心蛋（第 48 頁）或鹽味水煮蛋（第 49 頁）…2 顆
焙茶、烏龍茶、紅茶等茶葉…2 大匙
要淘汰的鋁鍋（或是燒烤用錫箔大碗）…2 個
簡便型小烤肉網…1 張

POINT!!

要燻上香氣，只要一點點的煙就夠了

若是要馬上吃的話，燻製的過程只要幾分鐘就很足夠。同時將起司、魚板拿來煙燻也很好玩！

■ 作法

1. **製作簡易的煙燻道具**
茶葉放到鋁鍋中，上頭架上網子，開中小火。開始冒煙即關火，將溏心蛋等食材放到網上。

2. **燻製**
蓋上另一個鋁鍋，再次開中小火，待冒出煙來後即關火，放涼即完成。

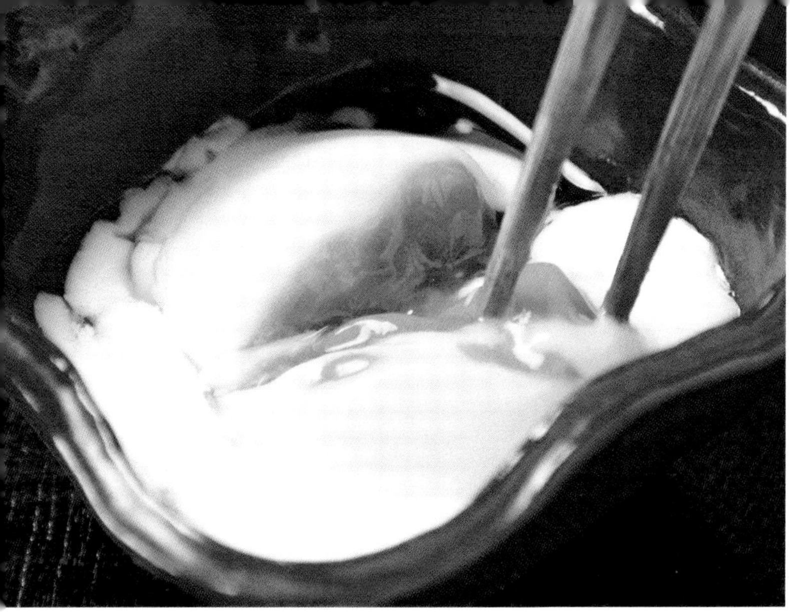

MENU 11

溫泉蛋

／絕妙的蛋黃口感／

沒有破還非常柔軟！

■ 材料（2人份）

蛋…2顆（一次煮到6～7顆也可以）
水…2ℓ（6～7顆蛋的水量）

POINT!!

蛋黃的熟度除了仰賴精準的溫度控制之外，時間也很重要

要煮熟位於蛋中央的蛋黃，需要一點時間，10～15分是蛋黃最軟糯綿滑的狀態，讓人一吃就上癮。

■ 作法

① 水加熱到70℃左右

鍋中加水，以一顆蛋300ml以上的水量為基準，開小火。當鍋邊開始冒出大量的小氣泡（約70℃）時，依第42頁的要訣，將蛋放在漏勺裡再一同下鍋。轉成微火，蓋上鍋蓋煮2分鐘後熄火（目標溫度65～70℃之間），靜置10分鐘（目標溫度60℃）。

② 完成

掀開蓋子，再開微火煮5～10分鐘（目標溫度65～70℃之間），關火後蓋上蓋子靜置10分鐘（目標溫度60℃）。整個過程就是以65℃左右的最佳溫度加熱30分鐘。

※水量要足，須完全淹過所有的蛋。最好有料理溫度計可以量水溫。網購約三百元左右即可買到一支，也可以用來測量油溫、較大的肉塊內部的溫度。

MENU 12

半熟炸蛋

／蕎麥麵、烏龍麵配料或小菜／

百變半熟水煮蛋的變化示範

■ 材料（2 人份）

半熟水煮蛋…2 顆
麵粉…少量
天婦羅粉…2 大匙
水…1 又 ½ 大匙
沙拉油…適量

POINT!!

在沾上麵糊之前，先整體撲上一層麵粉

為了讓麵衣完整依附在光滑的蛋白外面，先確實撲上麵粉，再以高溫快速油炸，維持半熟狀態。

■ 作法

1 下鍋前的準備

天婦羅粉加水，拌成麵糊。半熟蛋撲上麵粉。鍋中倒入沙拉油，分量約在可淹過蛋的高度，開中火加熱。

2 高溫油炸

油溫達到 180℃，將已撲上麵粉的蛋沾上麵糊後下鍋油炸，待整體炸出淡淡金黃色即可起鍋。

※若沒有溫度計，可以用麵糊測量油溫，滴幾滴麵糊到鍋中，沉下去馬上浮起即是適合的溫度。也可用筷子測量，一插進油鍋中立刻冒出許多氣泡，就差不多可以讓蛋下鍋。

MENU 13

＼（前）神保町　嘉門招牌／

半熟蛋佐海膽醬

配日本酒一口接一口停不下來！

■ 材料（2 人份）

生蛋…2 顆

海膽醬…5 大匙

蛋黃…2 顆

日本酒…2 小匙

※2016 年為止，開設在日本神保町的居酒屋「嘉門」的招牌料理。店主吉武雄吉先生現在搬到仙台，開設新店「生計」了。

POINT!!

最適合與日本酒搭配！

海膽×蛋黃的濃厚系下酒菜

蛋黃與海膽都有濃厚的鮮味，一小口一小口送進嘴裡，鮮味在口中爆發，美味到讓人停不下來。

■ 作法

1 製作從熱水開始煮5分鐘的半熟蛋

蛋放在室溫下回溫，並在蛋的鈍端用圖釘刺一個洞。起一鍋煮水，沸騰後將蛋放入其中，5分鐘後撈起泡在冷水中。以第42－43頁的要訣將殼剝除。

2 製作海膽醬

取一小鍋，放入蛋黃與日本酒，以隔水加熱的方式邊用打蛋器充分打勻。將蛋黃打至像美乃滋的狀態時加入海膽醬，繼續打，直至醬汁濃稠到可站立的程度。

3 將2薄薄地抹在盤中，放上1，再切一小刀讓蛋黃可流出即完成。

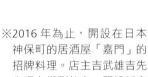

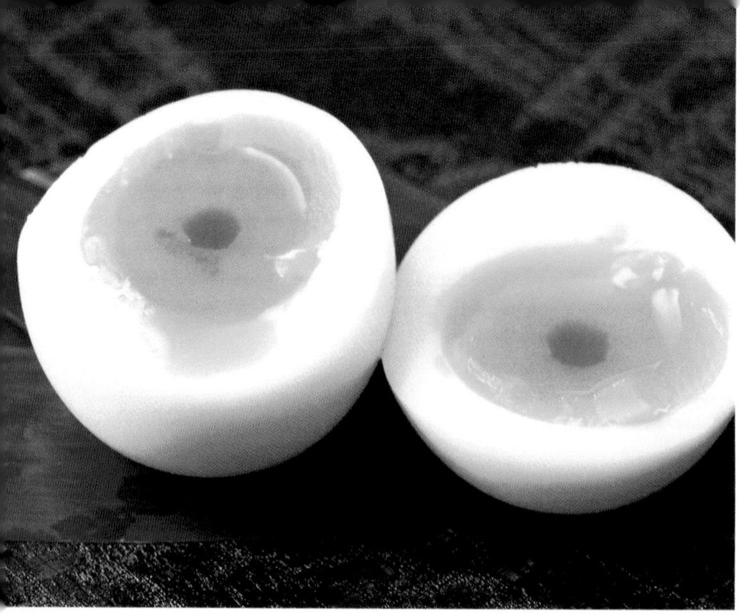

MENU 14

／京都式早餐必備／

料亭的半熟蛋

挑戰完美重現

■ 材料（2 人份）

生蛋…2 顆

醬油…適量

POINT!!

要恰恰達到蛋黃滑順、入口即化的熟度

蛋白在80℃以上便會開始變成固態，蛋黃則是加熱到60℃以保持入口即化的程度。此外，蛋的大小也非常重要。

■ 作法

1 蛋白煮至稍硬

蛋放在室溫下回溫，在蛋的鈍端以圖釘刺一個小洞。取一鍋煮熱水，沸騰後將蛋放入水中，煮6分鐘後撈起泡冷水。

2 蛋黃保持入口即化的狀態

在冷水中泡10秒降溫後，撈起，置於常溫下2分鐘，再次泡冷水。以第42—43頁的要訣剝殼。

3 盛盤

以棉線等器具將蛋切開，在蛋黃的中央滴上數滴醬油即完成。

MENU 15

／餐酒館必備的前菜／

水煮蛋佐法式美乃滋

正式名稱為「oeuf mayonnaise」，「oeuf」就是蛋的意思

■ 材料（2人份）

水煮蛋…2顆
美乃滋…3大匙
蛋黃…1顆份
鯷魚…適量
巴薩米克醋…適量
紅椒粉…酌量
乾燥巴西里…酌量

POINT!!

怎樣的味道才足夠，取決於你的品味

蛋黃、巴薩米克醋、番茄醬、鯷魚……美乃滋裡該添加些什麼來解膩就是展現品味的地方了。

■ 作法

1 製作水煮蛋

以第42－43頁的要訣煮出個人喜好熟度的水煮蛋。推薦第43頁最後的作法。

2 在美乃滋中加入香草等調味

調製美乃滋。上方照片的醬汁是美乃滋2大匙＋鯷魚2g＋巴薩米克醋1ml（右前方）。美乃滋3大匙＋蛋黃1顆＋巴薩米克醋2ml（左前方）。從熱水開始煮12分鐘的全熟蛋的蛋黃加入美乃滋拌在一起，擠在蛋白中，即成了「法式惡魔蛋」（後方）。由於顏色與形狀和金合歡花（mimosa）很像，因此法文稱之為「金合歡蛋」（Oeuf mimosa）。

※重點在於酸味與鮮味的調和達到平衡。

凝固溫度的不思議。

蛋白為60～80℃、蛋黃為65～70℃

當初真的沒想到光是細分水煮蛋跟溫泉蛋就要占去這麼多頁，然而確實蛋黃蛋白各自加熱後的變化呈現非常多元。兩者在相近的溫度範圍內，蛋白質皆會產生質變，但在各自的溫度範圍與特性上又有著微妙的不同。

比方說，將蛋黃加熱到60℃左右，質地才終於變得較黏稠，但是一加熱到70℃，所含的成分大半都已凝固。

另一方面，蛋白主要的蛋白質變性溫度約在60℃（運鐵蛋白，Transferrin）到80℃多（卵白蛋白，Ovalbumin）之間，範圍較廣。加熱到70℃左右只產生熱變性，還處在類似果凍狀、可搖晃的程度。溫泉蛋便是利用這樣的溫度差特性，加熱至65℃到70℃左右而成的。

相反的，半熟水煮蛋是外側的蛋白以85℃以上的高溫加熱，讓蛋白完全凝固並迅速放到冷水中降溫，使得蛋黃的溫度到60℃左右便停止上升。

像第53頁的「嘉門半熟蛋佐海膽醬」的作法，便是用全熟的蛋白佐生蛋黃做成的醬汁來搭配組合。海膽除了是餐點本身也是醬汁，一人分飾兩角，取代了蛋黃作為醬汁的功能。

而54頁「料亭半熟蛋」雖然也是在差不多的熟度時就從熱水中撈起，不過是在經過泡冷水稍微冷卻後，就直接置於常溫之下，目的便是要讓蛋黃達到質地變得稍微黏稠一些的溫度。

不過，最近常常遇到想將溫度拉到精準，結果導致失敗的例子。我想可能是最近的蛋商都很講求出貨效率，導致在超市買到同一盒蛋內有大小不一的蛋，有時在烹調時想做到「蛋白已凝固而蛋黃還維持在生的」的狀態，仍得仔細依蛋的尺寸在加熱時間與溫度上做調整。

除此之外，煮水煮蛋的時候就用較大的鍋子，可以在較穩定的溫度下煮蛋，如此便能大幅減少失敗的風險。

本章節介紹了許多道半熟蛋的作法，但並不是能將蛋都煮至半熟就特別厲害，最後介紹的「法式惡魔蛋」就適用於全熟蛋。

俗話說「掌握蛋黃、摸清楚蛋白，便能在蛋料理上百戰百勝」（其實沒人說過），製作蛋料理的第一步就是抓住蛋的特性，相信你的廚藝必能更上一層樓。

MENU 16

／三種形態　變化多端／

班尼迪克蛋

一口咬下在嘴裡滿溢的美味

POINT!!

來學做荷蘭醬吧！

煎烤或水煮的蘆筍等蔬菜，以及煎白肉魚排等也可搭配使用荷蘭醬，是一種非常便利好用的沾醬。

■ 材料（2人份）

水波蛋／炸蛋（60、61頁）…2顆
英式馬芬…2個
培根…2片
煙燻鮭魚…2片
黑胡椒粉…少許

・**荷蘭醬**

蛋黃…1顆
檸檬汁…1大匙
鹽…少許
黑胡椒粉…少許
奶油…40g

■ 作法

1 **製作荷蘭醬**

奶油放到微波爐中加熱融化。蛋黃與檸檬汁、黑胡椒粉、鹽加到調理盆中，一邊隔水加熱（※水溫約70℃）一邊打至糊化，再將融化的奶油分次加進去。

2 **準備食材與馬芬**

英式馬芬對半剖開，進烤箱烤熱。將煎過的培根與煙燻鮭魚片切成可夾進馬芬中的大小。

3 **組合**

烤熱的馬芬放上香煎培根或煙燻鮭魚片、水波蛋（或炸蛋），淋上荷蘭醬，依個人喜好撒上黑胡椒粉、擺上義大利芫荽（平葉巴西里）即完成。

※70℃約是開著火的鍋內側會出現小小氣泡的程度。

馬芬中間是美味的百寶箱

配料中的蛋、醬汁裡的蛋、鮭魚、培根等這些全都是美味的寶庫。一般都是在最下層放一片馬芬，但因為有醬汁且半熟蛋有崩塌的風險，可以在上層多加一片馬芬一起食用，讓整體的味道不那麼濃厚，也是一種選擇。

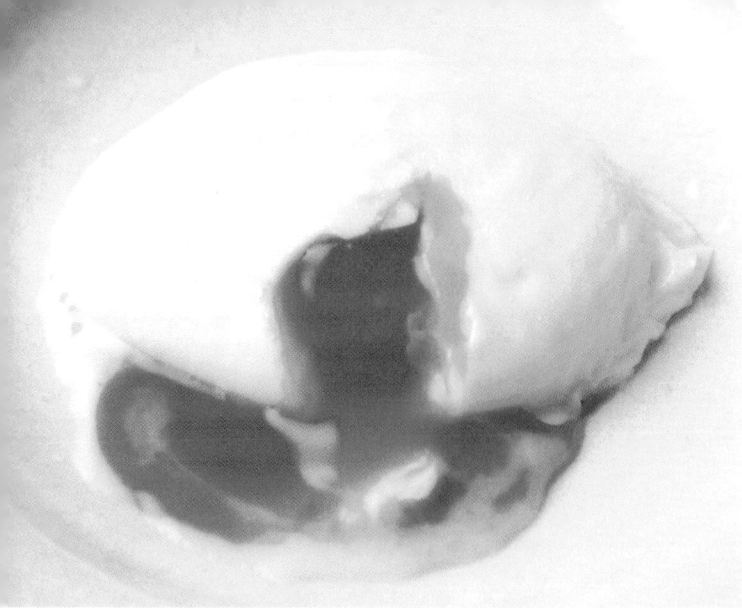

MENU 17

水波蛋

／只要選用新鮮的蛋便成功一半／

蛋本身的滑溜口感！

■ 材料（1 人份）

蛋…1 顆

熱水…鍋深約 10cm

網眼較密的撈勺…1 支

比鍋內徑稍小的小平盤…1 個

POINT!!

必備撈勺與新鮮的蛋

不必加醋或鹽來加速蛋的凝固，只要將水加熱，使用有「濃厚蛋白」的新鮮蛋就不會失敗了！

■ 作法

1 預先準備

在鍋中將水煮沸後，轉微火，蛋打在撈勺上瀝掉外稀蛋白（蛋白中較稀的部分），放到小容器中。

2 水煮

在鍋底放入不會翻過來的小平盤，從盤子上方、較低的位置輕輕地將容器中的蛋倒到盤中，約煮3分鐘後撈起泡冷水，再以廚房紙巾吸取多餘水氣即完成。

MENU 18

炸蛋

／蛋包的新經典／

最簡單又好搭配 半熟蛋的新標準！

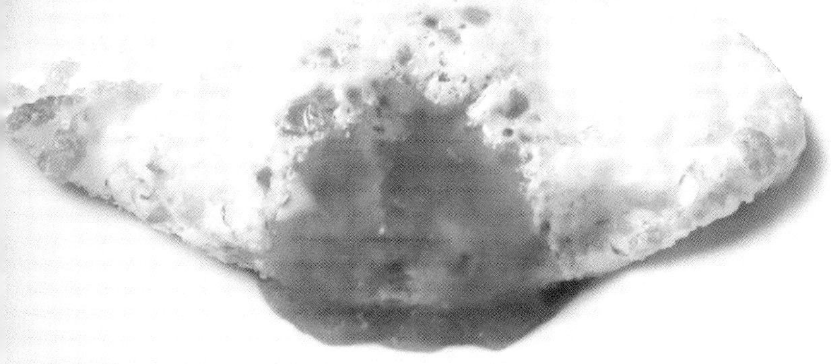

■ 材料（1人份）

蛋…1顆

沙拉油…50～100ml

POINT!!

用不沾鍋就不怕會黏鍋

這道料理意外地容易黏鍋，因此請用直徑約20cm的小型不沾鍋。建議一次只煎一顆。

■ 作法

1 **熱油**

將蛋打在容器裡。沙拉油倒入直徑20cm的小型不沾鍋中，開中火熱油。以料理筷插在油中，若出現冒泡的情形，即代表油溫已達180℃左右，將鍋子往前傾，油流向前方，再將蛋輕輕地倒進油中。

2 **成型**

蛋下鍋後，鍋子維持前傾的狀態，將蛋白翻疊，成為歐姆蛋包的形狀。以鍋鏟將蛋翻面，炸至喜歡的熟度即可起鍋。

蛋白可以細分為兩種

蛋白又可分為濃厚蛋白與稀薄蛋白兩種。一般常會說「新鮮的蛋打在盤中，可以看到中央的蛋黃隆得較高。」那是因為新鮮的蛋含有較多高彈性的濃厚蛋白所致，也就是支撐蛋黃的墊子（蛋白）較大，較有支撐力。

然而隨著蛋放得越久，濃厚蛋白會慢慢變成稀薄蛋白。新鮮的蛋會有較多濃厚蛋白，而沒那麼新鮮的蛋則是稀薄蛋白的比例會慢慢變高。

我們常在水煮蛋或水波蛋的食譜中，看到作法中有「在熱水裡加鹽」、「水中加醋可以促進蛋的凝固」，加鹽加醋以科學角度來看有無作用，以及實際上能否以其他方法取代，其實是兩個不同的問題。

確實，加入一定程度的鹽或醋，多少可以讓蛋加速凝固，但是加了那麼多的鹽或醋，必定也會讓蛋吃起來多了鹹度或酸度，而且還會造成稀薄蛋白不安定，在撈起的時候容易破裂。就算整顆蛋完整撈起，外側的稀薄蛋白也容易形成不規則的皺褶，吃起來的口感不佳。

只要有濃厚蛋白，就算不加鹽或醋，做水波蛋時也能漂亮成形，美得令人吃驚。只要使用新鮮的蛋就可以確實煮出美麗的水波蛋，那麼不就可以避開會有副作用的烹調方法了嗎？

若是覺得「蛋白好少吃起來很不過癮」、「蛋白在熱水中散掉很浪費」的話，可以試試第61頁的炸蛋。以前得用連續做好幾天歐姆蛋的平底鍋來做這道菜才不容易黏鍋，但是現在的平底鍋都已經有不沾鍋處理，簡單就能做出漂亮的炸蛋。

仔細研究世界各地的蛋料理，特別是水煮蛋料理的作法，已經不再是過去那樣「滾水中煮7分鐘」這樣以時間來計算的指示，而是愈來愈常見像「74℃45分鐘」這種以加熱溫度來計算的方法。表示大家都已經知道若是以高溫烹調蛋白，容易會有變得過硬的問題。

好比肉類烹調手法，最近在肉食愛好者之間特別流行一種舒肥機（ANOVA，以〇·五℃為單位調控溫度的低溫真空烹調機），說不定這類新廚具也能應用在蛋等其他食材上呢。

有了進步的廚具幫忙，烹調的常識也與時俱進，使得像蛋這麼日常使用的食材更是大有可為、前途無量！以水煮蛋、水波蛋的作法為例，任誰都能明白的答案，都應該經過思考、假設以及實踐來驗證才是。

關於蛋的尺寸這些你知道嗎？

一盒蛋中混合著不同的尺寸

每顆蛋的形狀、大小都不一，有的細長，有的接近正圓；有的大，有的小。根據日本農林水產省的雞蛋規格制度，是以重量來決定尺寸（例如：46g～未滿52g為S，52g～未滿58g為MS）。三十歲以上的讀者也許會覺得「這不是理所當然的事嗎？」「看盒子的尺寸不就知道是大顆還是小顆蛋了嗎？」

然而現在一般超市裡所賣的盒裝蛋，反而很少是以前述之尺寸來分盒裝。不同品牌的一盒營養強化蛋裡都會混著「MS52g～LL76g以下」不同尺寸的蛋。（本書所使用的是58g～未滿64g的M尺寸蛋為基準）。

實際比較混合尺寸包裝的蛋，一眼就能看出每顆蛋的大小不同。特別是用在水煮蛋這樣以數十秒為單位烹調，熟度即有大大不同的料理，同時下鍋的蛋還是要大小接近才好控制烹調時間。建議大家在把蛋買回來時，就依尺寸來排進冰箱保存，要使用時拿取會較方便些。

順帶一提，一般認為「不論蛋的大小，蛋黃其實都一樣大」，但其實蛋黃的大小基本上就佔了整體蛋重量的一定比例。

每顆蛋的個體有大有小，蛋黃約占整體重量的25～35％之間，差距其實還不小。那些認為蛋黃都一樣大的人，應該是因為「小顆蛋的蛋黃占35％」與「大顆蛋蛋黃占25％」這樣的觀念所造成的印象吧。

本來蛋是有可能成為生物的，所以每個尺寸與形狀不同也是必然的，在養雞場裡也是會有不符合規格的產品，如太胖、超細長的蛋等等，這也是蛋的「個性」之一。

第三章

／最百搭的配菜！／

和蛋最速配的天菜：麵包、麵、飯

三明治、培根蛋黃麵、雞蛋拌飯……只要稍微下點功夫，即使是最簡單的「雞蛋拌飯」也能美味加倍！

MENU 19

／層層包圍是美味關鍵／

焗烤火腿起司蛋吐司

蛋、起司、火腿、麵包的再建構

POINT!!

麵包、蛋白、蛋黃分別烹調

容易燒焦的麵包、希望能維持Q彈口感的蛋白、喜歡半熟程度的蛋黃，依著對各個食材不同熟度的要求，分別烹調吧！

■ 材料（1人份）

蛋…1顆
吐司（薄片或厚片都可）…1片
生火腿…40g
起司粉／片…適量
黑胡椒粉…適量

■ 作法

1 作出一個小地基

將蛋白與蛋黃分開。將生火腿擺在吐司上圍出四方形，中間倒入蛋白，小心不要溢出來。

2 燒烤（之一）

將1放到烤盤上，放入烤箱烤4分鐘。

3 燒烤（之二）

沿著2的生火腿內側擺上（或撒上）起司，隔出可以讓蛋黃不溢出的空間，將蛋黃倒入正中央，烤2～3分鐘，移到盤子上，撒上黑胡椒粉即完成。

將蛋白與蛋黃分開，喜歡怎樣的口感，都可以自由調整！

蛋料理界的
視覺系天菜

各種食材都可以用來「包圍」！

這道是在吉卜力動畫中出現過的「天空之城麵包（荷包蛋吐司）」的變化形。最基礎的作法是用生火腿將蛋白圍起來，除此之外，也可活用培根、美乃滋、吐司邊等。

MENU 20

＼一成不變就太無趣了／

雞蛋三明治

水煮蛋、煎蛋、歐姆蛋，各種蛋都可以夾進來

POINT!!

隨著烹調方式的改變，風味也跟著不同

水煮蛋可以因水煮的時間不同，使三明治呈現不一樣的口感風味。荷包蛋煎成蛋包、京都風的歐姆蛋三明治等等，花樣很多又有趣！

■ 材料（1人份）

蛋…1～3顆
吐司（薄片）…2片
奶油…適量
日式芥末醬…適量
胡椒鹽…適量
美乃滋…酌量
炸豬排醬…酌量
芥末籽醬（第戎芥末）…酌量
沙拉油…酌量
綠色沙拉葉…酌量

※ 請依個人喜好準備各種三明治必要的食材

■ 作法

麵包的準備

吐司麵包各在單面塗上已在常溫下回溫的奶油、日式芥末醬。食材放在塗了奶油的那一面，夾起來，切成適當大小。

① 雞蛋沙拉三明治（A）

從熱水開始煮12分鐘的水煮蛋（第40頁）1顆。蛋白大致切碎，蛋黃完全搗碎後兩者混在一起，加美乃滋拌勻，夾進麵包裡即完成。

② 雞蛋沙拉三明治（B）

從熱水開始煮8分30秒的水煮蛋1顆。蛋白仔細切碎，蛋黃大致搗碎後兩者混在一起，加美乃滋拌勻，夾進麵包裡即完成。

③ 荷包蛋三明治

兩面煎的荷包蛋（第22頁）2顆。撒上胡椒鹽調味，與綠色沙拉葉一起夾進麵包裡即完成。

④ 歐姆蛋三明治

蛋3顆，加入一小撮鹽一起打勻。平底鍋中倒入1大匙沙拉油，開中火，煎成半熟歐姆蛋（不要翻面或捲起，以鍋鏟快速整型即可），麵包塗上醬汁與芥末籽醬，夾入歐姆蛋即完成。

可以有各種變化！

蛋是可以千變萬化的孩子！

即使是平常一直在做的水煮蛋 × 美乃滋，只要調整水煮的時間，視覺感受與口感都會不一樣。不只是荷包蛋、歐姆蛋，炸蛋、煮得較熟的水波蛋也都可以用來作為三明治的食材，千變萬化，風味自由多變！

MENU 21

／飯店風的經典／

法式吐司

浸泡蛋液24小時，從正餐到點心都可自由運用

POINT!!

放到冰箱內使濃度提高，口感更鬆軟

麵包與蛋是很會吸水的組合，兩者的保水力再加上放到冰箱裡提升濃度，便能做出濃厚又鬆軟的口感。

■ 材料（2人份）

蛋…4顆
厚片吐司…2片
牛奶…200ml
砂糖…30g
香草精…少許
奶油…10g
糖粉、楓糖或果醬…酌量

■ 作法

1 預先準備

將蛋打在調理盆中充分打散，加入砂糖、牛奶、香草精完全打勻。吐司切邊後再對半切，將一半分量的蛋液倒在調理盤中，放入切好的吐司，再將剩下的蛋液淋在吐司上。

2 放到冰箱

調理盤上不用蓋蓋子或保鮮膜，直接放到冰箱中，冷藏半天的時間，再以鍋鏟將吐司翻面，調理盤底下殘留的蛋液用湯勺舀起再淋於吐司上頭，再繼續放回冰箱冷藏半天的時間。

3 下平底鍋煎

平底鍋開小火，放進奶油，融化後將2放到平底鍋中，蓋上鍋蓋，煎6～7分鐘，煎出焦黃色澤後翻面，同樣再煎6～7分鐘，盛盤，撒上糖粉或淋上楓糖，一旁佐上果醬即可享用。

放冰箱濃厚加倍

放冰箱時不要蓋上蓋子，使水分自然蒸發，讓蛋與牛奶的風味更加濃厚。由於吸足蛋液的吐司已變得濡溼且十分柔軟，在調理盤翻面及放到平底鍋時，夾取上要特別小心不要掉了！

在歐美國家蛋與麵包的關係

大家所熟知的法式吐司，便是讓麵包吸附牛奶、活用蛋中的蛋白質成分的一種作法，另外也有人會將切下來不要的吐司邊泡在蛋液中，放到小烤盅進烤箱烤成布丁風的小點心。口感雖與前頁所介紹的法式吐司有些不同，但是原本乾乾的麵包因為蛋液所帶來的溼潤度，口感變得十分討喜。

在日本，說到將麵包浸泡在液體中的作法，十之八九都會想到法式吐司，不過在其他地方還有許多讓麵包增加溼潤感作法的食譜。

在義大利的托斯卡尼地區就有特別多這樣的食譜。依傳統製法，不加鹽、不加奶油的麵包「Pan toscano」放到隔天就會變硬，直接吃會很難入口，於是常被用來做各種料理。最有名的當屬「義式麵包丁沙拉（Panzanella）」。作法是將變硬的麵包泡水後再擠乾，與各式蔬菜拌在一起，最後再淋上巴薩米克醋與橄欖油即可上菜。

在托斯卡尼還有其他利用變硬的麵包入菜的菜餚。比方說與高麗菜、紅蘿蔔、白花豆一同燉煮的「托斯卡尼蔬菜湯（Ribollita）」；還有「香料番茄麵包湯（Pappa al pomodoro）」則是一

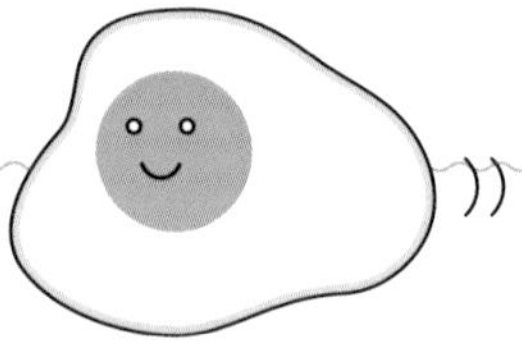

道將番茄、Pan toscano 麵包一起燉煮，最後再加橄欖油、巴西里的料理，不論是吃熱的還是冷的都可以。

此外也有一道名為「Carrozza」的料理，是用法式吐司夾火腿、莫札瑞拉起司（Mozzarella），再油炸的三明治。我也去查了國外食譜書，發現也有在蛋液裡加入切碎的維也納香腸或是鵝肝醬，讓法式吐司的味道更豐富的作法。

說來，在歐美國家，麵包與蛋的組合本身就非常受歡迎。比方說在法式火腿起司三明治（Croque Monsieur，吐司麵包夾火腿、起司後同煎的三明治）上再加顆太陽蛋的庫克太太三明治（Croque Madame），或是用模型在吐司上挖洞，打顆蛋進去，放在平底鍋中煎熟的鑲蛋吐司（英文名為Bird's Nest，鳥巢之意）等等。

有將蛋作為配料夾在麵包裡的三明治、將蛋放在麵包上同煎的鑲蛋吐司，也有沾蛋液去煎的法式吐司……料理方法十分多元。

日本人是從明治時代開始，正式與麵包結下不解之緣，時間不過一百多年，在那之前，蛋與麵包早已有很長一段分不開的蜜月期，我們目前所知的蛋與麵包的關係，說不定還只是冰山一角而已呢！

MENU 22

／蛋是起司的醬汁＼

培根蛋黃義大利麵

起司味與肉香為義大利麵增添香氣

POINT!!

主角是起司，蛋負責融合所有食材

培根蛋黃義大利麵的美味取決於起司×蛋黃×豬肉的油脂是否能沾附在麵條上。那鮮奶油呢？完全不需要。

■ 材料（1 人份）

蛋黃…2 顆

厚切培根（義式培根 Pancetta，不經過煙燻，僅以香料與鹽去醃漬豬五花肉而成）…40 ～ 50g

帕瑪森乾酪（或是佩科里諾羅馬諾乳酪 Pecorino romano）…20g

義大利粗麵（1.9mm）…100g

鹽、黑胡椒粉…適量

■ 作法

1 事前準備

鍋中加大量的水煮沸，放入 1％的鹽。義式培根切成厚 1 cm 的條狀。帕瑪森乾酪（或佩科里諾羅馬諾乳酪）刨好待用。

2 製作醬汁

義大利麵下鍋水煮。另起一不沾平底鍋，將培根炒香，過程中不要一直用鏟子去壓，讓培根兩面煎得焦香上色。取一個比煮麵鍋更大一些的金屬調理盆，將蛋黃、帕瑪森乾酪、煎培根逼出來的油脂都倒進調理盆中，整個盆子架在煮麵鍋上，利用水蒸氣蒸熱食材的同時一面翻拌，直至變成濃稠的醬汁為止。

3 完成

依包裝上指示的時間煮好的義大利麵撈起瀝乾，放到調理盆中與醬汁同拌。當醬汁變得較稀時，再次將調理盆架在煮麵的鍋子上方，利用水蒸氣蒸熱，並持續翻拌。當麵條整體都沾附了濃稠醬汁後，撒點鹽調味後盛盤。最後撒上黑胡椒粉，擺上幾條培根後即完成。

滑順可口 讓人停不下來

期望的美味與目的明確

就跟所有義大利麵一樣，培根蛋黃義大利麵也有無數種的作法。這裡所示範的是利用濃厚的起司味與豬油的鮮味包覆義大利粗麵而形成的美味。若是使用全蛋，作法就得稍微調整，要在爐子上加熱才行喔！

MENU 23

／宇和海傳承百年的口味／
醬油漬生魚片雞蛋拌飯

半熟而蓬鬆鮮美的白肉魚×雞蛋的風味

■ 材料（1 人份）

蛋…1 顆
白肉／青背魚生魚片…6 ～ 7 片
醬油…適量
白飯…1 碗
炒過的白芝麻、蔥花…酌量

POINT!!

剛煮好的白飯，將醬油漬生魚片蒸成晶瑩透亮的半熟熟度

剛煮好、熱騰騰的白飯盛得多一些，與蛋拌在一起，生魚片就可以達到剛剛好的半生熟度。

■ 作法

1 醃漬生魚片

生魚片浸漬在醬油中約 10 分鐘。蛋打散，放入一半醃漬過的生魚片。

2 盛裝

將白飯盛入碗公中，倒入加了醃生魚片的蛋液，最後再擺上剩下的另一半醃生魚片，依個人喜好撒上炒過的白芝麻與蔥花等調味料即完成。

※據說是從日本宮崎縣經由大分縣傳到愛媛縣的漁夫丼（又稱日向飯）。作法每家都不同，但共通點是將白肉魚或竹筴魚以醬油醃過，再與蛋液一同淋在熱飯上拌著享用。

MENU 24

／溫度管控得宜味道就完全不同！／

生雞蛋拌烏龍麵

換成麵線也可以，吃冷的吃熱的都由你決定！

■ 材料（1 人份）

蛋…1 顆

冷凍烏龍麵…1 人份

柴魚醬油…適量

蔥花…酌量

POINT!!

只要碗公先熱過就成功一半了

碗公以熱水熱過，蛋也放在常溫下回溫，只要做到這兩點，蛋的風味就會有戲劇性的變化。

■ 作法

1 預先準備

依包裝上的指示將冷凍烏龍麵煮熟。碗公倒進熱水，讓碗溫熱過。另取一個容器倒入熱水，將冰箱拿出來的蛋泡在熱水中約1分鐘回溫。

2 完成

將碗公與溫蛋容器中的熱水倒掉。將烏龍麵徹底甩乾水分後，盛入碗公中，打入蛋，淋上柴魚醬油，整體拌勻，依個人喜好撒上蔥花即可。另外隱藏版的吃法是加一小塊奶油一起拌著吃。

為何半熟的滑嫩雞蛋會如此銷魂？

對於蛋風味的評價，有時還真是難下定論。舉例來說，光是一顆蛋黃，水分與脂肪的含量不同，以及溼度造成蛋白與蛋黃的濃稠度及狀態不一，這些因素都會使得在味覺上的判斷變得非常複雜。

市面上有種可以將食物的基本五味「甜、鮮、鹹、酸、苦」數據化的味覺感測儀，有趣的是，這個味覺感測儀在測量水煮蛋的味道時，鮮味指數會因為水煮的時間愈長，而拉出一條向右下滑的弧線。

為何我會說這件事很有趣呢？因為這條弧線在不同的試吃現場上所得到的數字並不一致。各位讀者或許也時常有同樣的感覺，就是「蛋加熱到某種程度時，才會讓人覺得比較好吃」。實際上，我參與過各式各樣與蛋相關的企劃，做過各種嘗試，而這樣的意見真的是壓倒性占了多數。

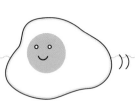

為何人的舌頭與味覺感測儀之間會出現這樣的差異呢？

以「濃稠度」的例子來說，據日本三重大學在針對蛋的風味進行感官測試的研究中，指出「濃稠度」與「口感」是影響判斷風味好壞的重要因素。也許是因為要將「綿密的口感」數據化相當困難，又或是「濃稠度」愈高，停留在舌頭上的時間也會愈長，所感受到的味覺也會持續變化也說不定。

此外，「香氣」也是一大問題。據說人的味覺與嗅覺有著緊密的關係，溫度愈高，嗅覺上就愈容易感受到揮發性成分。

人的味覺是非常複雜的機制，之前有很長一段時間常聽到「舌尖會感受甜味，鹹味則是在舌頭的兩側到中段之間，酸味是在後面，而在最深、最靠近舌根之處會感受到苦味。」然而近年來我們知道這所謂的「味覺的地圖」其實是有誤的。

過去未被察覺的「鮮味」現在已公認為第五種味道，除此之外，最近甚至也有人提出「鈣味」（譯注：據說是鹹、酸、苦味的複雜組合，甚至也有人主張還有甜味在其中）、「脂肪味」、「醇味」等應作為第六種味道。

比方說蛋雞的飼料裡一定含有鈣質，當然蛋黃中也含有脂肪，然後蛋之中也含有一種被認為與「醇味」有關的胺基酸——麩胺基硫（Glutathione，GSH）。

這些成分也許有一天會被正式認作是一種味道，所以有可能左右蛋味道的美味元素，還有很多尚未被確定呢。

MENU 25

／蛋黃與蛋白的功能再考察／

玉子丼

拿一顆蛋黃專門作為醬汁來用

POINT!!

兩顆蛋分成「全蛋＋蛋白」與「蛋黃」使用

因為有一顆蛋黃作為醬汁，剩下的「全蛋＋蛋白」就當作配料來使用。即使蛋白較多，吃起來也不輸只有一顆全蛋時的美味。

■ 材料（1 人份）

蛋黃…2 顆
柴魚高湯…100ml
醬油…2 大匙
酒、味醂…各 1 大匙
白飯…1 碗公份

■ 作法

1 預先準備

敲開2顆蛋，其中一顆的蛋白與蛋黃分開。另一顆全蛋與蛋白加在一起充分打散，單一的蛋黃另外放，柴魚高湯、醬油、酒、味醂倒入親子丼鍋，開中火煮滾。

2 做玉子丼的蓋飯配料

親子丼鍋中的醬汁煮滾後倒入全蛋與蛋白混合的蛋液，當蛋液稍微開始凝固了，便輕輕攪動，關火再倒入蛋黃，蓋上鍋蓋蒸20秒。

3 裝入碗中

在蒸的同時，將白飯盛入碗公裡，將鍋中的蛋小心滑到飯上即完成。

「全蛋＋蛋白」已經很美味，再外加一顆蛋黃，讓美味再強化。

那…該何時戳破蛋黃呢？

蛋黃熟度就依你喜好來下點功夫

比起起鍋後再放上蛋黃，一起悶蒸、稍微溫過之後，美味會更加濃郁。順帶一提，為了不讓蛋黏鍋，煮的時候醬汁會放比較多，但起鍋時不要全都倒進碗裡，留下一些另外裝，覺得味道不夠時再自行淋上就好。

MENU 26

／使用口感Q彈的越光米等煮成的白飯＼

只用蛋黃的雞蛋拌飯

將「白飯綿糯的口感」表現到極致！

■ 材料（1人份）

蛋…1顆

剛煮好的白飯…1鍋

鹽昆布…適量

POINT!!

剛煮好的白飯要好好地盛入碗中！

越光米的黏度，白飯明顯的香甜，飯粒之間彼此相黏，剛煮好的白飯切記不可翻攪！

■ 作法

① **（非常認真地）煮飯**

洗好的米浸泡20分鐘後，放在篩子上瀝乾，夏天約放20分鐘，冬天則要40分鐘（中途要上下翻過一次），與等量的水一起放入土鍋中炊煮，若是用電子鍋煮飯的話，請用快煮模式。

② **盛裝**

剛煮好的飯不要翻攪，直接從中央像是用手捧一樣輕輕舀起，裝入碗中，放上蛋黃，撒上鹽昆布，以筷子「切」蛋黃3~4次之後，整體大致混合即可，不要混得太仔細，留下拌不均勻的感覺是美味的重點。

※以蛋黃與鹽昆布等水分較少的食材來調味，稍稍與白飯混拌，便可以吃到白飯原有的美味。

MENU 27

和 NIKOMARU、HINOHIKARI 等
西日本的米飯也很合

將蛋白打發的雞蛋拌飯

將蛋黃輕而慢地戳破打散，一邊確實品味白飯的口感

POINT!!

鍋邊較硬的米粒最適合

這道幾乎可以當成泡飯來解釋的雞蛋拌飯，可以像吃麵一樣，一邊品味飯的Q彈口感，一邊感受蛋黃風味的變化！

■ 材料（1人份）

蛋黃、蛋白…各1顆份
剛煮好的白飯…1鍋
醬油…適量
蔥花…酌量

■ 作法

1 （稍微認真地）煮飯

洗好的米夏天浸泡30分鐘，冬天浸泡1個小時後，水瀝乾，加入比一般煮飯時稍少的水量（約95%），以土鍋或電子鍋的快煮模式炊煮成白飯。

2 盛裝

剛煮好飯，挑鍋邊較硬的部分盛裝於碗中，加蛋白打至發泡，中央放上蛋黃，淋一圈醬油，依個人喜好撒上蔥花即完成。

※現在市面上的電子鍋設計成剛洗好的米馬上下鍋煮也能煮得很好吃。若是用浸泡過的米去煮，則以快煮模式會比較剛好。

MENU 28

＼不論哪種米通通放馬過來！／

加了奶油的雞蛋拌飯

若用 CALPIS 奶油或是發酵奶油會更棒！

■ 材料（1 人份）

蛋…1 顆
白飯…1 鍋
奶油…10g
醬油…適量

POINT!!

美味的油脂會讓白飯好吃加倍！

碳水化合物加蛋加奶油的組合，是讓原本就很美味的米煮出來的白飯更好吃，讓普通的米更上一層樓的祕技！

■ 作法

① 準備白飯

剛煮好的當然是最棒的，就算不是剛煮好也要是溫熱的白飯，即使是以微波加熱的也要熱騰騰的才好。

② 盛裝

將整顆蛋打在飯上，淋一圈醬油，整體均勻翻拌後放上奶油，讓奶油慢慢融化，依個人喜好，一邊拌進飯裡一邊入口。

MENU 29

經典雞蛋拌飯

／適合Milky Queen等口感Q彈的米種／

綿糯又滑順的佃煮風味！

POINT!!

不要拌過頭，每一口都可以吃到各種味道的組合

海苔佃煮放在白飯上，一點一點撥來吃，蛋也用同樣的方式輕輕打散，邊拌邊吃。

■ 材料（1人份）

蛋…1顆
剛煮好的白飯…1鍋
海苔佃煮（海苔醬）…適量
蔥花…酌量

■ 作法

1（依一般煮法）煮飯

洗好的米夏天浸泡30分鐘，冬天浸泡1個小時後，水瀝乾，加入比一般煮飯時稍少的水量（約95%），用土鍋中或電子鍋的快煮模式炊煮成白飯。若是剛洗好沒有浸泡的話，電子鍋用一般模式煮即可。

2 盛裝

剛煮好的飯盛裝於碗中，打上蛋，添加海苔佃煮，撒上蔥花，依個人喜好將食材與白飯邊拌邊吃。

雞蛋拌飯（TKG）的31種變化形

這個世界上有多到接近無限種的雞蛋拌飯變化形。數年前，我在飲食雜誌《dancyu》的企劃下試吃了約100種的雞蛋拌飯時，便感到相當驚訝「原來還可以這麼做！」

有用全熟的水煮蛋放到飯上，邊攪碎邊淋醬油來吃，也有將魩仔魚與切碎的紫蘇葉撒在飯上，淋橄欖油來吃，各種配方讓我目不暇給，但是幾乎每一道都讓人驚訝地大喊「哦哦哦，好～好吃啊」（by美食記者小石原はるか小姐）

事實上，雞蛋拌飯存在的歷史並不是很長，飲食文化研究家江後迪子指出，目前可確認雞蛋拌飯最早存在的時間是江戶時代後期，從鍋島藩應客人要求而獻上的餐點「御丼 生玉子」的記述中可見。在那之後有很長一段時間，雞蛋仍是一種貴重的食材，而雞蛋拌飯普遍成為庶民餐點是到昭和30年代以後的事，換句話說，雞蛋拌飯是道歷史尚淺的料理。

在這裡，我首先以基本的全蛋×醬油為出發點，試著有系統地整理出雞蛋拌飯的系譜。

基本系（①全蛋＋醬油打散混合後淋在飯上）

雖然有先打散與後打散的差別，但這個模式的作法還是最多的。甚至還有分枝，如②將蛋打發後再混合。或是③大致打散約七成左右，以同時可享受到蛋黃的美味與蛋白的口感為目標。

網路上常見的是④「先在飯上淋一圈醬油，再把蛋打上」的作法，醬油若太多會破壞米飯的香氣與口感，可是若用到不好的蛋，腥味會特別明顯，就得用多一點醬油來掩蓋，這部份得特別注意。

減法系（只用蛋黃或蛋白＋調味料）

接著用減法。第82頁介紹的⑤只用蛋黃的配方，搭配黏性與甜味明顯的越光米是最棒的。剛煮好的飯的黏性與甜味發揮到極致的同時，加上蛋的美味、鹽昆布的鮮味，讓整個美味度再次提升。也很推薦⑥改撒上芝麻鹽等調味料。不使用醬油的原因是，上頭的配料已有充分的水分、油分，簡單的白飯也能滑順好入喉。

話雖如此，若白飯的量稍多加一點、蛋黃個頭較小的話，黏性高的配料比例也得拉高，這個時候，⑦醬油＋蛋黃也是一種作法。⑧蛋白＋醬油吃起來雖然跟加全蛋時的口感沒差很多，但風味較高雅，不過可能也會有種少了點什麼的不足感。

加法系（全蛋＋醬油＋α）

於是我得出最豪華的雞蛋拌飯是用加法得來的。如⑨第84頁加一塊奶油、⑩普通的全蛋再加上一顆蛋黃的追加系。或是其他加料如⑪香鬆、⑫炸麵衣屑、⑬柴魚片、⑭火腿、⑮玉米粒、⑯蔥花、⑰起司、⑱明太子、⑲朦朧昆布（oboro-konbu，おぼろ昆布）或是⑳用海苔捲起來吃等等，加法系可以有這麼多種變化，無怪乎能使美味更上一層樓。簡而言之，美味方程式就是在白飯＋蛋＋醬油的正統風味上再加上其他鮮味食材。

替代系（全蛋＋××）

這個作法是將調味料等調味基底，換成其他風味。減法系中，只用蛋黃的雞蛋拌飯配上鹽昆布等固態的調味料是為了減少水分，而在這裡，改變味道則成了抽換調味料的主要目的。

如⑳第85頁的海苔佃煮就是如此，㉑鹽麴、㉒魩仔魚＋紫蘇葉＋橄欖油＋帕馬森乾酪＋魚露等只要是可以讓風味改變的組合都可拿來應用。此外，㉓一樣用醬油調味，只是將生蛋改成水煮蛋，乍看之下似乎很亂來，但一試之下才知是意外的好吃。仔細想想㉔關東煮的水煮蛋跟白飯也很合啊，所以生蛋換水煮蛋怎麼會不好吃呢？當然㉕第48頁的溏心蛋、㉖第51頁的溫泉蛋、㉗第54頁的料亭半熟蛋、㉘第61頁的炸蛋、以及㉙第23頁的荷包蛋（特別是一面超半熟）一定也很合。

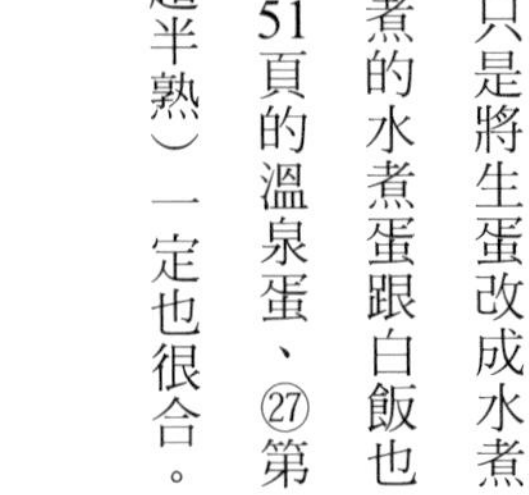

當然，每年插秧、割稻時都讓我去玩的廣瀨農園婆婆，她做的㉚入口即化農家煎蛋（第34頁）更是讓每年去參與農事的夥伴們爭相搶奪，讓飯桶瞬間清空的好料理。

分離系（蛋黃＋蛋白＋醬油）

最後的分離系是像㉛第83頁將蛋白打發的雞蛋拌飯。一方面有著滑順的口感，一方面因為混拌不均勻產生每一口都不同的口感變化，若再加一點芥末，風味感受又更加突出。

不論採用上述哪一種方法，由於加蛋會使溫度下降，所以重要的是盡可能使用剛煮好起鍋的白飯。另外，使用整顆生蛋的拌飯，蛋不要剛從冰箱取出就使用，最好是用常溫或是冰箱拿出來後水煮1～2分鐘，溫熱的蛋。光是這個小動作，蛋黃、蛋白的味道與香氣都會大幅增加，也可以將熱白飯的美味帶向最高峰。

蛋×白飯還有很多很多美味的可能正等著被發掘呢！

MENU 30

／不可以用TKG來做／

蛋炒飯

微焦的飯粒也是美味的重點

POINT!!

讓含有蛋液的油包覆每一粒飯

「炒飯」就如字面所說的，必須將飯炒過，但是以蛋包覆的米飯與蛋若炒過頭就會乾燥無味，米飯就一點也不香了。

■ 材料（1 人份）

蛋…1 ～ 2 顆
白飯…1 碗或 1 碗公份
沙拉油…1 ～ 1 又 ½ 大匙
鹽…¼ ～ ½ 小匙
鮮味調味料（鮮味炒手）…酌量
高湯（或水也可以）…1 大匙

■ 作法

1 預先準備

準備溫熱的白飯（若是隔夜飯的話用微波爐先熱過）。

2 炒飯

平底鍋或炒菜鍋先開大火，充分熱鍋後倒進沙拉油。將打散的蛋倒入鍋中，緊接著放上白飯，整體翻炒至均勻。加鹽（及個人喜好的鮮味調味料），最後才加入高湯，讓水氣蒸過整體，水分收乾後即可盛盤。

較多的油量→蛋→徹底翻炒，即為蛋炒飯不敗的美味方程式。

粒粒分明並非目的

「用生雞蛋拌飯炒出粒粒分明的炒飯」是將方法變成了目的。將白飯炒出粒粒分明的狀態才是美味的炒飯。若要做得像中餐廳的炒飯，加入鮮味調味料就可以很接近了。重點是確實將鍋子以大火加熱，不翻鍋，在短時間內快炒，並炒出鑊氣來。

為何蛋炒飯事先把蛋與飯混在一起來炒就會不好吃？

喜歡做炒飯的人，應該大多數都試過「從白飯開始炒」與「TKG炒飯」（將白飯跟打散的蛋液充分混合後，在加了油的平底鍋中翻炒的作法）吧，兩種確實都能讓飯炒得粒粒分明。

但是TKG炒飯真的好吃嗎？一直接觸鍋面的炒蛋已經超過鬆散的程度，水分早已散失，變得又乾又硬，而被蛋液完整包覆的白飯也因為接觸不到鍋面，少了份香氣。

除了TKG作法之外，關於炒飯還有數不清的誤解：

① 不斷翻鍋，讓米粒直接炙火
② 醬油淋在鍋上
③ 家中的火力太弱，炒飯怎麼做也不會好吃
④ 要炒出粒粒分明的炒飯很花時間……等等。

就連我自己都花了很長一段時間才接受原來上述這些說法是錯誤的。畢竟這些都是從我們從小（昭和時代）看的料理節目、食譜、美食漫畫等學來的，幾乎是半常識的觀念了。

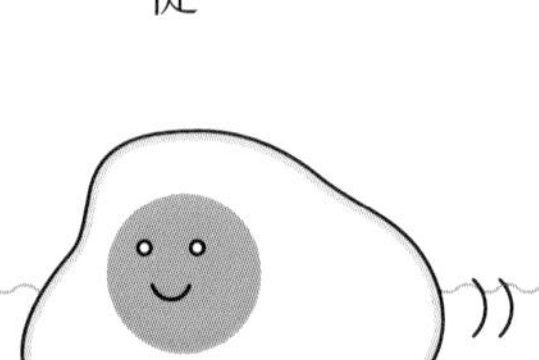

比方說第①點，昭和時代的經典美食漫畫《美味大挑戰》第四集中，主角山岡士郎就曾這樣說過：「將飯從鍋底翻飛到空中，經過火炎，直接炙燒！可藉此讓多餘的油分散去，飯也變得鬆散又香氣十足。只是在鍋底不斷翻炒是炒不出真正美味的炒飯的！」

有很長一段時間我把這段話奉為真理。然而仔細想想，若只是要讓飯瞬間過火，那捧在手上往火上拋不也一樣嗎？可是我又不想把手燙傷，而且比起來，讓飯接觸鍋面熱度不是還更足嗎？

第②點「將醬油淋在鍋上」便能增加香氣這件事，醬油本來就帶有香氣，就算「想增加一份焦香」，那淋在鍋中正在炒的飯上就可以了。醬油淋在鍋上，雖然會讓焦香味蒸上來，但那香氣並不會完全分散在鍋中，就在你還來不及翻炒的時候，香氣早在一瞬間蒸散，最後導致焦香味散布不均。

至於第③點，確實專業廚房的火力是炒飯鑊氣的來源。然而現代家庭的火爐火力也不會太弱，反而是不斷翻鍋這個動作，讓火力在空中虛耗，當然鍋中的火力就會不足。

既然沒有充分使用火力，於是就會導致第④點的要炒到粒粒分明得花很長的時間。但長時間在火上的炒飯並不是粒粒分明而是乾巴巴。家中的爐子火力不如餐廳的話，更是需要讓熱能毫無浪費地傳遞到鍋上才是。

中餐廳的廚師炒飯時要不斷翻鍋，原因是「火力太強，不斷翻鍋可以更有效率地讓所有食材整體均勻混合」或是「火力太強，若只靠鍋鏟翻拌很容易就燒焦了」。

炒飯時，真正重要的事

那麼就讓我們來想想，炒飯時，真正重要的事是什麼？還有為何這些事重要呢？

・先炒蛋

首先，最該處理的是蛋。蛋呈現液體狀態，含有大量水分，但卻具親油性，簡單來說，炒飯時油可以輕而薄地擴散、裹在白飯上就是因為有蛋的緣故。所以在順序上應該是先將油倒入鍋中，接著放入蛋，快速地整體翻拌，緊接著加入白飯，讓飯能整個均勻地被油包覆。有些人會加入美乃滋，就是這個基本作法的延伸。

假使在蛋之前先炒了飯，就必須使用大量的油，否則飯容易燒焦、黏鍋，而且蛋也不容易炒散，對於炒飯愛好者來說，這樣炒出來的飯恐怕色香味都不夠充足。

・飯必須是溫熱的

冷飯的澱粉已老化（β化），飯會變硬、黏在一起且不容易分開。再加上要炒到變熱，過程中水分漸漸散失，最後炒出來的飯根本稱不上粒粒分明，還不如說是乾如砂粒。實在太令人傷心。

用溫熱的白飯來炒飯，要炒散也快，從接近完成的溫度開始炒，加熱時間短，水分就不會過度散失。

・不要翻鍋

讓鍋底保持接觸火源是基本動作。一直翻鍋，讓鍋子遠離火源，炒的時間就會變長。話雖如此，但翻鍋其實滿好玩的，也許會忍不住將做炒飯當作週末的休閒活動，不過翻鍋還是要控制一下次數才好。

炒飯時最重要的就是這三點，其他還有「油不可以太少」、「最後加點水，利用水蒸氣讓飯粒與蛋更加飽滿而鬆軟」等等多項美味要訣，關於這些，就視其他加入的食材來調整吧。

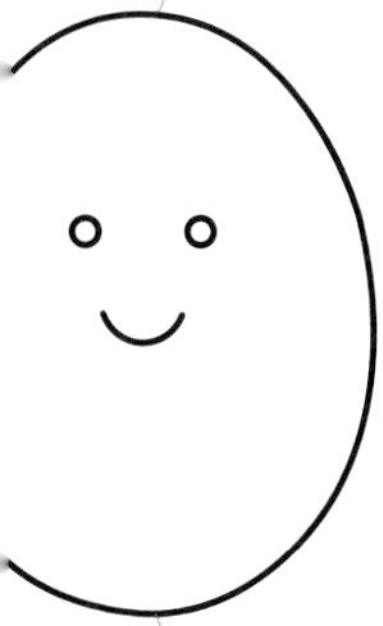

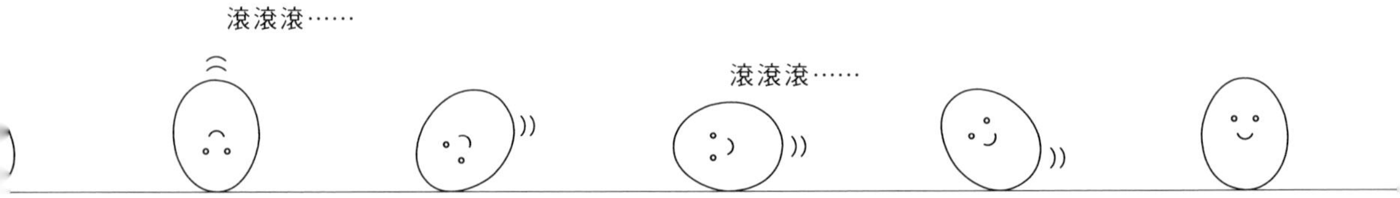
滚滚滚……
滚滚滚……

第四章

成功再現！
都市傳說中的蛋料理！

從前「不外傳」、「傳說中的夢幻料理」或是只有當地才知道的作法，如今由於廚房家電器具的進化和資訊的發達，在家也能成功重現。

MENU 31

／在中國也被稱為夢幻料理＼

三不沾

不沾盤、不沾匙、不沾齒

POINT!!

有小火、耐心及不沾鍋即可重現

以前，在中國若不是用「全新的鍋子」就很難做出這道菜，如今用不沾鍋就有辦法再現了！

■ 材料（2人份）

蛋黃…2顆
水…100ml
綠豆澱粉…35g
砂糖…35g
豬油…30～40g

■ 作法

1 製作蛋液

蛋黃與砂糖充分混合後，加入綠豆澱粉，加水拌勻。

2 在鍋中攪拌

不沾鍋或是鍋子（稍微有些深度較好）以小火加熱，倒入1，以木勺一邊充分均勻地攪拌，一邊將豬油分3～4次加入同拌，整體拌成滑順無顆粒、如卡士達醬般的質地即完成。

※讓油與蛋充分乳化，同時緩緩加熱。最好的狀態是當溫度來到開始凝固的60℃時，油已經完全拌在裡面了。若是一不小心火太強，食材開始分離的話，可以用電動手持打蛋器硬打，使其恢復到理想的狀態，但最好還是用小火慢慢拌。

多麼不可思議的口感！

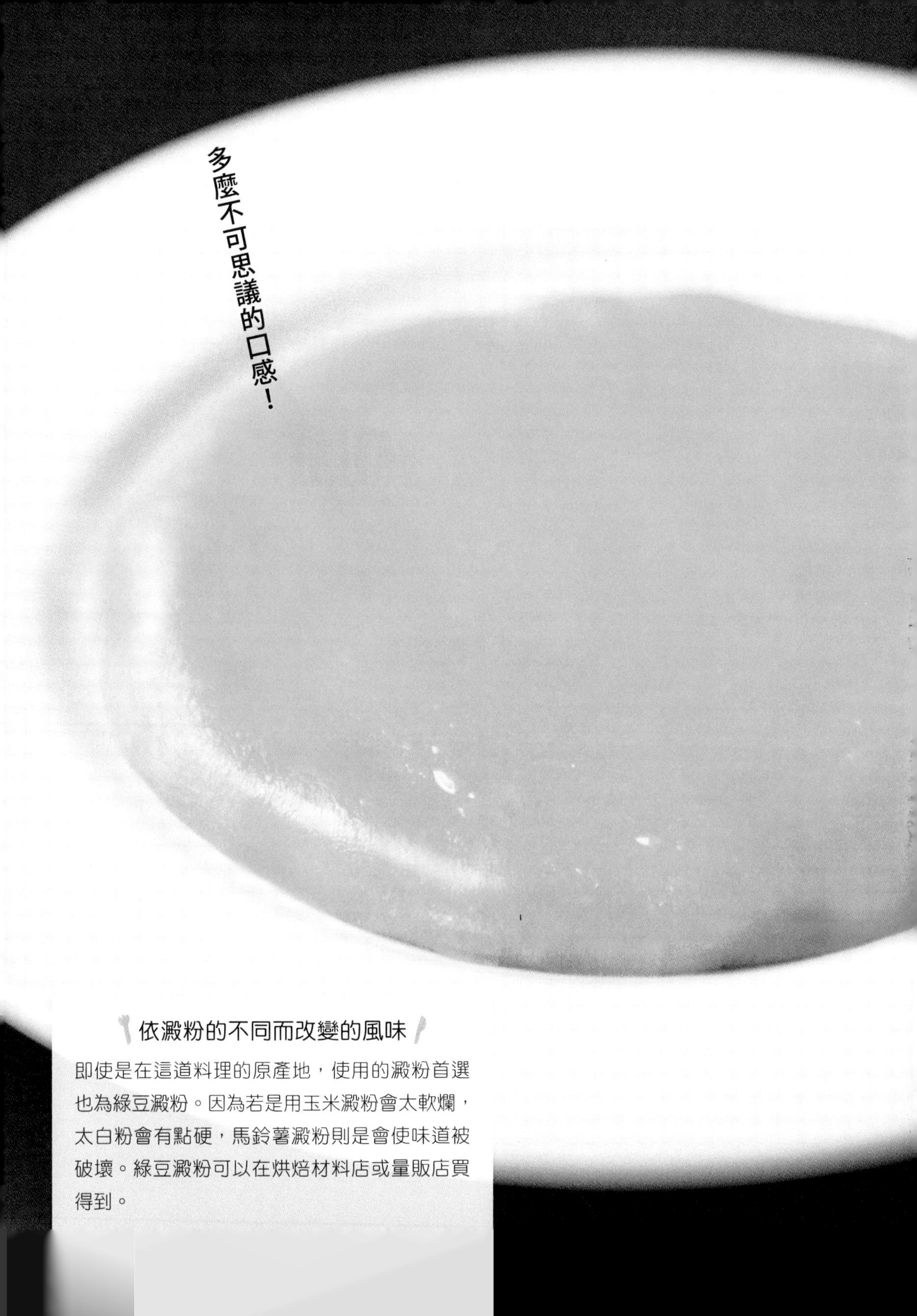

依澱粉的不同而改變的風味

即使是在這道料理的原產地，使用的澱粉首選也為綠豆澱粉。因為若是用玉米澱粉會太軟爛，太白粉會有點硬，馬鈴薯澱粉則是會使味道被破壞。綠豆澱粉可以在烘焙材料店或量販店買得到。

MENU 32

／只有在靜岡・袋井才吃得到的美味！／

土鍋蒸蛋

如雪花般在舌尖上融化的蛋料理

POINT!!

用土鍋來做，才可調整微妙的火候

這道料理若是煮太熟便會變硬，要不就是塌陷。使用土鍋，蓋上鍋蓋悶蒸，便可得到柔軟、入口即化的口感。

■ 材料（2 人份）

蛋…1 顆
高湯…120ml
鹽…1 小撮
薄口醬油…½ 小匙
味醂…1 小匙

■ 作法

1 製作醬汁
將蛋以外的所有材料都放進鍋中，煮滾。

2 將蛋打發
蛋加入1小匙的1，以打蛋器打至整個發泡、拉起後可站立的程度。

3 蒸到蓬鬆柔軟
在1人份的土鍋中將剩下的醬汁倒入，以小火煮至沸騰。將2倒入土鍋中，熄火，蓋上鍋蓋蒸1分鐘左右即完成。

一定一定要用小火

丟掉「煮」的想法，而是要徹底「利用餘熱悶蒸」。火太大易過熟，蛋就會變硬，必須以小火＋悶蒸的方式才能蒸出完美的柔軟程度。保留一些生生的口感是最好的。不要忘記這道菜名叫土鍋「蒸」蛋。

軟軟嫩嫩~

MENU 33

／現今在福岡仍是夢幻逸品／

蛋花炊飯

以蛋的溫柔風味為中心的簡單炊飯

POINT!!

在剛煮好的飯裡混入蛋，就會開出蓬鬆的蛋花

飯鍋中剛煮好熱氣騰騰的白飯，一口氣與蛋液混拌，之後只要放著等待悶蒸時間到了即可起鍋。

■ 材料（2人份）

蛋…2顆
米…2杯
水…適量
油豆腐皮…2片
醬油…2大匙
砂糖…2大匙
柴魚高湯…100ml

■ 作法

1 洗米、泡水

米洗好，以電子鍋（或是煮飯專用鍋）指示再少一些些的水量（約95%）浸泡，夏天泡30分鐘，冬天泡1小時。

2 煮油豆腐皮

油豆腐皮切成容易入口的大小，取一小鍋子，加入醬油、砂糖、柴魚高湯煮至沸騰後加進油豆腐皮，煮至水分收乾。

3 煮飯拌飯

將2中約八成的油豆腐皮放到1中，以快煮模式煮飯。蛋打散，炊飯一煮好，便淋在飯上，整個翻拌均勻後，再悶5分鐘左右即可盛入碗中，上頭撒上剩下的油豆腐皮。

從前福岡每到夏日祭典時便會端出的懷舊炊飯

大正到昭和初期之間的時候開始，每到夏日祭典的時節便會做這道料理。當時是用「米一升加兩、三塊三角油豆腐，還有四、五顆蛋」（農文協《口述福岡的飲食》）煮成。即使是熱鬧的祭典也比不上這碗炊飯的精采。

讓蛋花綻放吧

日本的蛋料理中也有夢幻逸品？

世上有些料理被稱為是「夢幻逸品」，如第98頁的「三不沾」便是其中之一。這道菜原本是北京一家山東料理餐廳「同和居」的特製料理，是需要非常細緻的技術才做得出來，而且還相當費時，所以在日本也只有極少數的中式餐廳才有這道菜。

成功做出這道菜最初的要求是在「有如全新的乾淨鍋子」裡「翻攪四百回」，門檻非常高（需攪拌的次數其實還不只四百下）。

然而隨著廚房家電、器具的進化，所謂的「特別」也漸漸被帶到日常之中。像是要避免燒焦黏鍋，好用程度不輸從前的新鍋，有了氟素樹脂塗層的不沾鍋至今已成為每個家庭的必備廚具；手持自動打蛋器30秒內輕輕鬆鬆就可以在鍋子或調理盆中打上４００回，換句話說，這些器具大幅降低了「夢幻逸品」的技術難度。

雖說製作的難度下降了，但也不表示再也沒有難度。製作「三不沾」還是得花上一定的功夫，要是覺得小火太慢，稍微加大火力的話，馬上就會有蛋與油分離的風險，因此食譜的最後也補充

了在一般家庭廚房適用的補救方法：「萬一油蛋分離時，用手持自動打蛋器打一打，還是可以硬將蛋與油打在一起」。

本來在「都市傳說」這一章還有好多道菜想介紹給大家，然而，像在天明五年（西元一七八五年）出版，被稱為「百道蛋珍品」的《萬寶料理祕密箱》中刊載了「蛋黃逆轉蛋」（指讓蛋白與蛋黃位置逆轉的水煮蛋），我耗費了數十顆蛋嘗試，成果並不理想。而有些料理成功時讓我興奮不已，不過本書畢竟是實用導向，將這樣的菜放進來似乎不太合適。

另外還有一道泰式烤蛋（ไข่ทรงเครื่อง，Special Grilled Eggs）是在蛋殼上打個洞，將裡面的蛋倒出來調味後，再將蛋液注入蛋殼裡去烤，我覺得那味道應該會有人喜歡，但在製作上十分麻煩，最後也放棄收錄進本書。

而打開最先進的西方料理科學派食譜，也常會看到「DASHIMAKI TAMAGO（日式高湯蛋捲）」、「CHAWAN MUSHI（茶碗蒸）」（對日本人來說是很熟悉，但作法仍有些不一樣）。

世界上有多少國家就有多少蛋料理。生活在現代的我們所熟知的一道蛋料理，也許在其他國家反而被稱為「夢幻逸品」也說不定。

＼只要這些全到齊了，蛋料理就會變得好吃!?／

讓蛋美味加倍的廚房道具

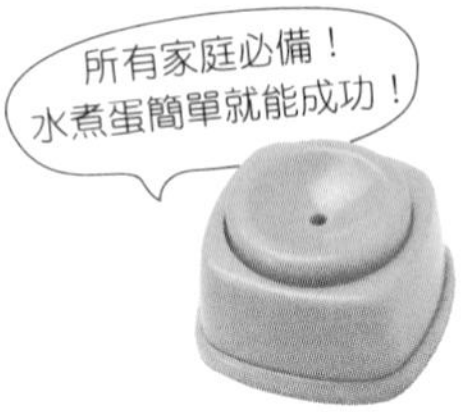
所有家庭必備！
水煮蛋簡單就能成功！

廠牌不明
（日本百圓商店可買到）

★★★★★

雞蛋打孔器

煮水煮蛋必備的好用道具，竟然在日本百圓商店就買得到，多虧時代的進步啊！順帶一提，我曾聽說這玩意兒在 1950 年代德國等歐洲一部分國家，曾一度很普及，原來是一個非常具有歷史的廚房道具呢。是所有喜歡吃水煮蛋的家庭必備的單品，意外地沒有什麼東西可以取代。雖然前面提到可以用菜刀的一角去敲洞，但是這樣蛋殼很容易產生裂痕，一不小心就讓整顆蛋都破掉了，所以還是用這個專用的打孔器或是圖釘比較保險。

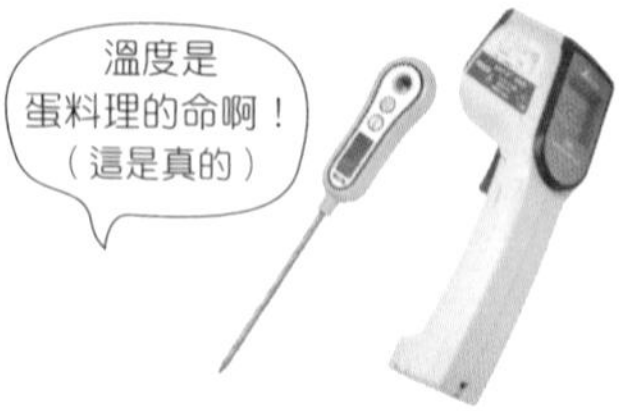
溫度是
蛋料理的命啊！
（這是真的）

TANITA 刺針溫度計（左）
SHINWA 手持式紅外線測溫槍（右）

★★★★

溫度計

料理溫度計有兩種，一種是從外部以紅外線測量溫度的測溫槍，另一種則是刺進肉塊裡面去測量食物內部溫度的刺針溫度計。紅外線測溫槍很適合用於炸物、熱湯的溫度管控上，進年來測溫槍的售價愈來愈親民，大約六百元左右即可買到。刺針溫度計可以用在蒸煮物的溫度管理上，有從三百元以內即可買到的簡易型到可藍芽傳輸到智慧型手機上顯示溫度、設定達到所需溫度即響鈴提示的電子智慧型，當然價格就稍高，約數千元。請依個人的料理需求來選購。

打蛋之外，打發其他
食材也非常好用！

百靈手持攪拌器

★★★★

手持式電動打蛋器

打發全蛋若是靠手工去打，既費力也費時，非常辛苦。若有手持式電動打蛋器就很有幫助，還沒有手持電動打蛋器或是食物調理機的朋友，入手這支保證可以感受到下廚樂趣有了戲劇性的變化。包括本書中的土鍋蒸蛋、長崎蛋糕、冰淇淋，在製作過程中，有這個手持式電動打蛋器，做起來超方便！購買時要確認配件是否含有打蛋器，偶爾會遇到有些高級機型並不含這項配件。

其他好用的廚房道具

★★★

計時器

大多料理人都有吧

還沒有計時器的人，請一定要買一台。已經有的人，不妨多備一台。聽起來很像是電視購物台在推銷的台詞，但是水煮蛋真的不可不用計時器，有時同時要煮全熟與半熟，或是煮義大利麵等其他食材時也必定派得上用場。

★★

四葉草湯匙

剔除繫帶用的湯匙

前端做成四葉草形狀，中央有個開口的花式湯匙。據說是每天早上都要吃一碗生雞蛋拌飯的日本大田區工廠廠長的發明。不喜歡蛋白中那條繫帶口感的人，可以買來試試看。

★

蛋殼切割器

給蛋杯愛用者的你

在高級飯店的餐廳等地方用早餐，常見水煮蛋放在蛋杯上供應，上頭的蛋還是已切開了的。若是用菜刀恐怕無法切得乾淨俐落，交給專用工具來做就對了。平時也許不覺得有必要，但誰知哪天會派上用場呢？

★的數量愈多，表示需要度愈高。

第五章

究極蛋製醬汁

／熟練後就會是無敵！／

有一陣子，東京流行一種吃法，就是肉類料理搭配蛋黃醬汁，因而導致這幾年蛋黃醬汁的各種變化遍地開花，不過有些醬汁的作法，其實很久以前就已經存在了。

MENU 34

＼溫故知新的新潮流！／

沾肉用的蛋黃醬油

引爆肉食潮流、最強甜鹹醬汁

POINT!!

只需調和，太簡單又太好吃

雖說有一定的作法，但其實簡單到讓人不敢相信，還非常好吃！跟所有肉類料理都很搭。

■ 材料（2 人份）

蛋黃…2 顆
醬油…1 大匙
味醂…1 大匙
酒…1 大匙
砂糖…½ 大匙
水…50ml
昆布…5cm×5cm

■ 作法

1 製作調味醬汁

取一小鍋，將蛋黃以外的所有材料都倒進去，開小火煮至沸騰後關火，放涼。

2 完成

打入蛋黃，混合即完成。

※調味醬汁也可用市售的，只是與其用現成、加了柴魚高湯等有過多味道的，建議還是以醬油、日本酒、味醂、砂糖等簡單食材自製最好。若喜歡更爽口的風味，可以降低味醂、砂糖的用量。

各大肉類料理名店也陸續採用

各大肉類料理名店也陸續採用這款調味醬汁。原本是用來作為壽喜燒的沾醬，因此理所當然非常適合搭配肉類。這幾年來，東京的燒肉店、牛排館等肉類料理名店也都陸續採用這種醬汁，是一款不論是燒肉、烤牛肉還是火鍋肉片都很搭的萬用醬汁！

所有的肉都感動落淚！

MENU 35

＼職業摔角界最強祕傳食譜！／

相撲鍋沾醬

蛋黃×醬油×柴魚片×海苔粉的相乘效果

POINT!!

鮮味全明星絕妙合體

蛋黃、醬油、柴魚片、海苔粉等具有濃厚鮮味的食材一應俱全。這就是經過數十年代代相傳的相撲鍋經典沾醬。

■ 材料（2 人份）

蛋黃…2 顆
醬油…5 大匙
柴魚片…10g（或 4 小包）
海苔粉…適量

■ 作法

1 混合

取一小鍋放入柴魚片，倒些醬油至柴魚片全都沾溼的程度。加入蛋黃與海苔粉（大約是柴魚片¼的分量），開中火，煮的同時不斷地攪拌混合，待整體開始沸騰冒泡，帶有一點稠度時即關火。

2 作為火鍋沾醬享用

作為湯豆腐或雞肉水炊鍋等湯底味道不那麼強烈的火鍋沾醬來使用。由於沾醬的味道較濃，若要喝的話，可以加些火鍋的高湯調淡些再喝。

當年在道場也只是隨性調配

我最初的體驗是在 1980 年代，應該是在新日本摔角道場的搗麻糬大會還是在參觀日時吃到的。從那時開始，這款醬汁就廣受《週刊職業摔角》等媒體盛讚，各家道場負責伙食的人代代相傳，是很有歷史的火鍋沾醬。其實當初所有材料的分量都只是「隨個人喜好」調和而成的呢！

的火鍋沾醬！

MENU 36

＼不用打到乳化也OK／

萬用蛋黃沙拉醬

只是在常用的沙拉醬裡加個蛋黃

POINT!!

可依食材調整調味料的比例！

這裡的作法只是基礎，若是搭配肉類料理的話可以減少油量，魚類料理則蛋黃少一些，蔬菜料理則是少加一點醋等等，或是依個人口味做調整。

■ 材料（1人份）

蛋黃…1顆
初榨橄欖油…2大匙
巴薩米克醋或檸檬汁…1～2大匙
法式芥末籽醬…1小匙
鹽、黑胡椒粉…各少許

■ 作法

1 製作醬汁基底

橄欖油、巴薩米克醋、法式芥末籽醬、1小撮鹽全加在一起，充分拌勻（A）。另一個容器裡將蛋黃、1小撮鹽打散（B）。

2 調和

將作法1中的A與B大致混合，淋在沙拉上，撒點黑胡椒粉即完成。

※加黑胡椒粉或是依個人喜好撒起司粉也可以。與菠菜、芝麻葉、蘿蔓生菜等味道、香氣較強的蔬菜也很合。

憑感覺決定

這款沙拉醬感覺很像沒有產生乳化反應的美乃滋，也像是冷的荷蘭醬，是款萬用百搭的醬汁。美味的關鍵就在於不用打到乳化，每一口的味道都不太一樣。如果吃了覺得不太鹹，可以直接倒入整盤沙拉。

想被它包覆！

MENU 37

＼讓炸物好吃到尖叫／

塔塔醬

由搭配的醬菜來決定鹹度、風味

POINT!!

使用不輸西式醃漬蔬菜的各式醬菜

目標是在考量食材間搭配度的前提下，來調整風味。因為是以所使用的醬菜鹹度來決定味道，最後一定要試吃確認。

■ 材料（4 人份）

全熟水煮蛋…3 顆
洋蔥（中型）…1 顆
美乃滋…120g（150ml）
鹽…適量
檸檬汁…1 ～ 2 大匙

副材料（西式醃漬蔬菜、酸黃瓜、紫蘇漬茄子、鹽昆布、甜醋嫩薑、榨菜、醃蘿蔔、煙燻蔬菜等等的醬菜）…酌量

■ 作法

1 製作基底

將水煮蛋、洋蔥、副材料的醬菜全都切成小丁。洋蔥以1小匙的鹽一起放到調理盆中，整體抓拌後靜置5分鐘。當洋蔥稍稍變軟時，便在調理盆中加入開水，快速洗去鹽分，再撈起用力將水分擠乾。

2 完成

洋蔥、蛋、美乃滋、檸檬汁加在一起，做成塔塔醬。要沾用之前再將醬菜拌進去，試吃味道，不夠鹹的話再加點鹽。

重點在於食材與醬菜是否搭得起來

副材料的選擇得從與主食材之間搭配上的鹹、酸、鮮、辣、香之平衡來思考。若主食材是蝦，則可配紫蘇漬茄子，蚵則配鹽昆布，干貝搭榨菜等等的組合之外，若是與一般的醬汁併用時，甜醋嫩薑可以換成紅醋嫩薑，或是換成煙燻蔬菜來增添香氣。若是想加巴西里（洋香菜），就跟著副材料一起拌入醬中。塔塔醬即使完成，如果沒有加副食材及巴西里，風味也不會足夠。

炸物沾醬就用這個！
鹽昆布
酸黃瓜
甜醋嫩薑
榨菜
醃蘿蔔
紫蘇漬茄子
西式醃漬蔬菜

席捲餐飲界名叫蛋黃的最強醬汁

最近幾年，有愈來愈多餐飲店，特別是燒肉店、牛排館等，會使用蛋黃加調味醬油（或是醬油）製成的沾醬。

若是追溯源頭，大概會發現那是發源自壽喜燒的吃法，然而在日本，將蛋黃當作「沾醬」、「醬汁」來使用的料理，原本只有串燒店的「月見雞肉丸」及燒肉店的「韓式拌生牛肉」，長久以來一直不見有其他的應用方法。

而這類蛋黃沾醬流行起來的契機，我記得是在東京的燒肉店。二〇一一年由於「生食用食肉等規格基準」的修正、施行，有家燒肉店在原有的冷藏設備條件下，已無法符合規格基準而難以提供韓式拌生牛肉這道菜，因此，改推出有相似調味的「炙燒牛肉沙拉」。數年後，現在新開的燒肉店幾乎全都改為同樣的菜色。

有趣的是，即使是在對生吃雞蛋有強烈抵抗感的歐美國家，使用蛋黃、且不過度加熱的醬汁也有一段很長的歷史了。如第58頁的班尼迪克蛋等，半熟（蛋黃幾乎是生的）的水波蛋與（還沒加熱到可把細菌全殺死的程度）荷蘭醬等都是「生」度全開的組合。

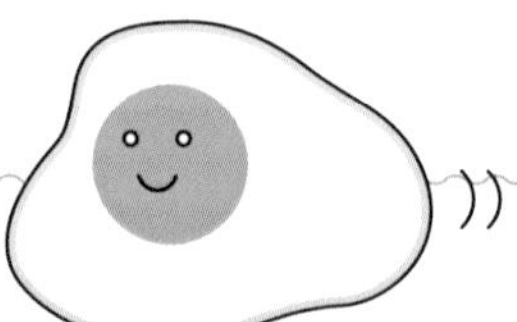

對於原本就有生吃雞蛋習慣的日本人，要說真正懂蛋嗎？又未必完全如此。在本書一開頭與大家閒聊的部分之外，我也發現大家好像都有許多誤解，根據二〇一四年的帕爾系統生活協同組合連合會（Palsystem Consumers' Co-operative Union，類似台灣的主婦聯盟，串起生產、流通、消費者之間的網絡，以合理價格提供安心安全的食品）之調查，「蛋的顏色愈深，就愈新鮮」的問題，整體的百分之五十．三回答「十分認同」、「認同」。然而事實上蛋黃的顏色與味道是完全沒有關係的。

憑著想像，形成根深蒂固的概念，進而影響人的作為，這樣的現象真的是沒有國界之分。

換個話題來說，第110頁的新日本摔角界祕傳的火鍋沾醬真的令人敬佩。這項祕傳的沾醬是從現在回推三十多年前便已確立由蛋黃、醬油、柴魚片、海苔粉組合而成的調味料。柴魚片的肌苷酸（inosinic acid）、醬油的麩胺酸（glutamic acid）與蛋黃中所含的卵磷脂帶來的醇味加在一起，海苔粉中則除了有麩胺酸、肌苷酸外，還有以菇類的鮮味來源而廣為人知的鳥苷酸（guanylic acid）。

這是一款每一個用料都具有強化味覺之效的火鍋沾醬，當初發明它的人，我想不是從單一材料所含的成分去思考，而是經過無數的嘗試與調整、不斷試吃之下，才逐漸確認的配方吧。真不愧是以身體為資本的職業摔角選手，對於「吃」的感覺之敏銳、形成的味道之準確，還有無與倫比的貪吃慾，都讓我忍不住想脫帽致敬。

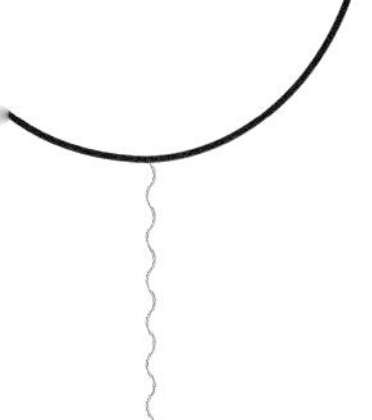

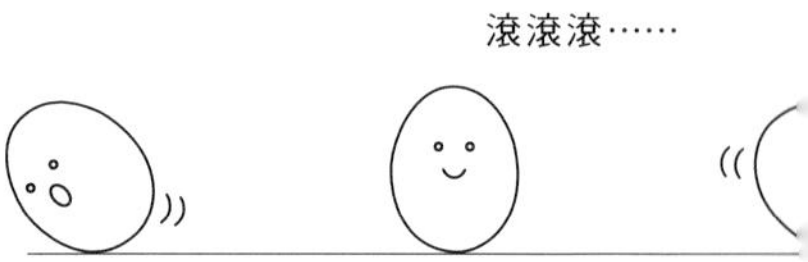
滚滚滚……

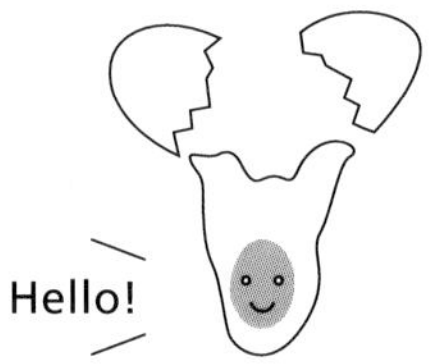
啵咔
Hello!

第六章

＼口感千變萬化！／

蒸煮、打發、冷凍通通都來

現在我們已經清楚知道，蛋會因不同的加熱程度而產生變化。那麼，蒸煮、打發、冷凍之下，蛋又會變得如何呢？理解最合適的蒸煮溫度、打發的意義等等，就能掌握蛋無限變化的口感！

MENU 38

／緩緩加熱 目標80℃／

滑順柔軟的茶碗蒸

感受蛋與高湯合而為一的滑順

POINT!!

以小火實現極上的軟嫩口感！

茶碗蒸是透過蛋將食材加熱的料理，不需要模型，只要溫度控制得宜，就不會有氣泡的產生。

■ 材料（4人份）

蛋…2顆
高湯…400ml
醬油…1小匙
鹽…稍微少於1小匙
味醂…1小匙
配料…生食用白肉魚、海膽、魚板、鴨兒芹等各適量

■ 作法

1 預先準備

白肉魚以醬油（材料外）浸漬入味。魚板切成薄片，鴨兒芹切成約2cm長。蛋打散後加入高湯、醬油、味醂、鹽，充分打散，以網眼較細的篩子篩過之後，倒入容器中。

2 下鍋蒸

蒸鍋裡的水煮沸後先關火，將裝了蛋液的容器擺到蒸鍋中，再把配料放到蛋液裡。鍋的兩側架著料理筷，上頭鋪上棉蒸布，再將鍋蓋放在料理筷上（產生空隙），開最小的火，蒸約20分鐘，輕輕搖動容器，若表面已凝固就拿竹籤往下戳，從底下冒出透明高湯來的話代表已蒸熟。

※若有料理溫度計的話，可以插在鍋與鍋蓋的間隙，監測溫度，使其保持在80～85℃之間。

低溫蒸煮，連配料都軟嫩

像白肉魚這些細緻的食材，最適合搭配茶碗蒸軟嫩的口感，茶碗蒸是透過蛋液將食材蒸熟的料理，維持在蛋液可凝固的低溫下蒸煮，雞肉等配料也能熟透且軟嫩。

MENU 39

大人的布丁

／更紮實 更美味／

甜味與苦味融為一體

POINT!!

放冰箱冷藏一天熟成，會更入味

放在冰箱裡冷藏，布丁會從上方吸取更多空氣，變成飴狀的苦甜焦糖則是從下方吸收布丁的水分，入口時將會更濃厚而入味。

■ 材料（4～6人份）

・布丁液

蛋黃…3顆

全蛋…2顆

砂糖…45g

牛奶…300ml

香草精…數滴

・焦糖

細砂糖…70g

水…1大匙

熱開水…2大匙

■ 作法

1 製作焦糖

取一小鍋，倒入細砂糖與水，開大火煮至冒煙，整體顏色變深之後將鍋子自爐上移走，注入熱開水。趁熱倒入布丁容器中（若沒有防沾塗層，可以先在容器內側塗上奶油）。

2 製作布丁

❶ 製作布丁液

蛋黃中加入砂糖，充分攪拌。全蛋打散加入，再將牛奶分批倒入，注意不要打至發泡。然後加入香草精。

❷ 布丁液加熱

將布丁液倒入鍋中，開小火，以矽膠鍋鏟自鍋底往上翻拌，加熱至60℃。以廚房紙巾吸取表面的浮沫後，將布丁液注入容器。

❸ 蒸成布丁

蒸鍋中的水煮沸後，關火，將注入布丁液的容器放進鍋內，蓋上鍋蓋，留下約1cm的空隙。開最小火，加熱約20～30分鐘。輕輕搖晃，若布丁表面已經凝固了，則可熄火，蓋上鍋蓋讓布丁自然冷卻即完成。

85℃完全凝固

若是加熱到 90℃以上就會產生氣泡， 80℃～85℃則尾韻會偏甜。可以的話最好是使用溫度計來觀測溫度，目標設定在維持 85 ～ 88℃之間。要蒸出好吃的布丁，與其拉高溫度求速成，不如以長時間慢蒸為佳。

似是而非的蒸物——茶碗蒸與布丁

茶碗蒸與布丁都是將蛋液蒸熟而成的，卻是完全不同的東西，將兩者的特徵比一比就會一目了然。

茶碗蒸

- 要趁熱吃
- 透過蛋液將食材蒸熟
- 食材有食材各自的美味
- 剛蒸熟時的質感是最重要的
- 一般都喜歡軟嫩的口感

布丁

- 放涼後才吃
- 加熱的目的是讓蛋液凝固
- 追求的是與焦糖合為一體的美味
- 需蒸散水分到一定程度
- 必須達到能從模型取下的軟硬度

茶碗蒸不只是要將蛋液蒸熟，最終目的是所有的食材一併蒸熟。茶碗蒸的蛋液因含有高湯而帶來滑溜的口感，食材也各自提供著不同的美味。此外，茶碗蒸是直接以原本蒸煮的容器裝著來吃，所以不像布丁那樣得達到一定的硬度，就算多少有些氣泡（小洞），不論是做的人或是吃的人應該都不會太在意。

反觀布丁，是將蛋液蒸煮至固態的料理（點心）。蛋液是在怎樣的狀態下凝固、冰鎮時是在怎樣的狀態下安定，拿掉模型之後是否能夠成型等都是重要的關鍵，「裡面是否會有很多氣泡產生」也是製作者十分在意的事。

當然，兩者之間也有不少的共通點。比方說，茶碗蒸與布丁都是使用全蛋製成的，換句話說，它的凝固狀態或多或少會反映出蛋黃與蛋白各自不同的特徵。蛋黃絕大部分的成分會在70℃左右開始改變性質，剩下的成分也會在達到80℃產生變化。

然而蛋白就如同前面我們在溫泉蛋那一單元所提到的，它在60℃左右，每增加幾℃，變質溫度不同的蛋白質就會一一開始凝固，而其中也有幾種成分是不到85℃就不會改變狀態。實際操作來看，即使是完全一樣配方的布丁液，以80～85℃與90℃蒸出來的布丁，口感上的軟硬度還是有所不同。

簡單來說，我們就先記住將蛋白與蛋黃混合後的蛋液，在加熱後開始凝固的溫度大約是接近蛋黃會凝固的66℃即可。不過，即使加熱到66℃，也不是所有蛋白質都會變成固態。

在兵庫教育大學研究團隊的實驗中，蛋液以等量的水（或高湯）與牛奶稀釋後去蒸，後者會變得較硬，但因加了砂糖的緣故，所以會有較軟嫩的口感。換言之，布丁是由容易變軟嫩的材料所構成的。

砂糖不僅帶來甜味，也給了蛋軟嫩度。而且，當砂糖的濃度提高時，蛋的凝固溫度也會跟著上升。加上布丁需要有一定的硬度來支撐它可以不靠模型站立，所以在蒸煮的溫度上就必須設定得比茶碗蒸來得高。

另外，也做了75℃、85℃、95℃不同蒸煮溫度的實驗來對照，發現95℃蒸出來的布丁取下模型時，會溢出大量水分，還會留下氣孔，在外觀上較不討喜。

做出光滑無氣孔的蒸蛋料理訣竅

蒸蛋料理的氣孔是打蛋時打入蛋液中的空氣加熱膨脹造成的空洞，蛋白質在加熱凝固的過程中，會包圍住急速膨脹的氣泡，成為我們看到的孔洞。

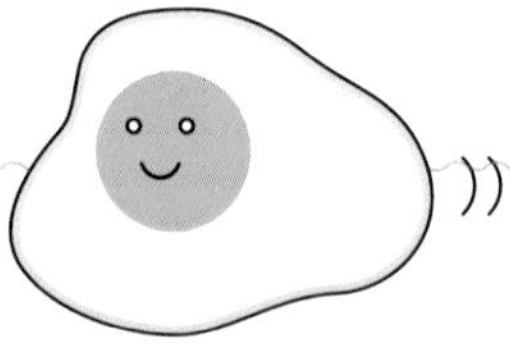

這也是為何在蒸布丁前得預先將鍋子溫熱的原因。鍋子先預熱過，在開始蒸之前就能夠讓蛋液中的氣泡浮到蛋液的表面，可趁機先戳破，如此一來就能減少蒸好後產生的孔洞。

使用的容器材質也會有影響。若是用鋁製等導熱性佳的金屬容器，就容易產生孔洞。換成耐熱玻璃、陶器等溫度上升較慢的容器，就不易有氣泡，即使火力控制得不那麼精準，也還是可以蒸出光滑軟嫩的蛋料理。

為何布丁經過熟成後會變美味呢？

本書的布丁食譜與一般食譜不同，用了較多的蛋，口感緊實，較不那麼甜膩，帶點焦苦味，是適合大人的成熟風味，因此完成後請務必放冰箱熟成一天後再吃。

主要是因為底部焦糖又濃又厚，若不多放一天，讓布丁釋出的水分溶進焦糖，模型會很難取下。而且放冰箱可以讓布丁表面的水分蒸發一些，蛋的味道會變得更加濃郁。

更棒的是經過一段時間，原本帶苦味的焦糖與布丁的甜味會彼此交融，剛蒸好或是放涼就吃的話，會有種苦味與甜味各唱各的調，讓人很難不去在意，但只要經過一天的冷藏熟成之後，味道就能融合得更好、更美味！

MENU 40

＼明天過後就會發揮美味的本領／

長崎蛋糕

剛出爐時鬆鬆軟軟，隔天變得溼潤好入口

POINT!!

將蛋加熱後再打至發泡可站立為止

長崎蛋糕是否能夠順利烤得蓬鬆，取決於打至發泡的蛋糊。蛋糊發泡時的溫度與高度是成功的關鍵。

■ 材料（16cm 正方烤模 1 塊份）

蛋…4 顆
砂糖…100g
蜂蜜…1 大匙
水飴…1 大匙
味醂…2 大匙
高筋麵粉…120g
雙目糖…適量
16cm 正方型烤模
烘焙紙…適量

■ 作法

1 預先準備

烤模中鋪上烘焙紙，底層撒上一層雙目糖。烤箱預熱至180℃。高筋麵粉過篩。

2 製作蛋糊

在調理盆中放入蛋與砂糖，以60℃的熱水隔水加熱，並以手持電動打蛋機打至發泡可站立的程度。蜂蜜、水飴、味醂經過隔水加熱變溫後加進調理盆中混拌，最後加入高筋麵粉，以矽膠刮刀輕輕上下翻拌。

3 烘烤

將麵糊倒入烤模中，拿高到約離桌面10cm之處輕輕放下，來回數次，以牙籤戳破浮至表面的氣泡。放入烤箱中，以180℃烤10分鐘，之後再將溫度降至160℃烤30分鐘。

4 讓蛋糕休息

烤好的蛋糕，連著烤模在桌上敲一下，以防縮皺。脫模後倒過來放，以保鮮膜包覆，在常溫下放1～2天讓蛋糕熟成。

蛋才有的蓬鬆度！

熟成之後才是真正的長崎蛋糕

剛烤好時就像戚風蛋糕一樣富有空氣感，經過熟成之後才漸漸成為長崎蛋糕。以前我曾訪問過長崎蛋糕的廠長，他一臉幸福地說：「我最喜歡的是放到第五天左右，整個變得十分紮實的口感。」看得出來他真心喜歡長崎蛋糕呢！

用打發的蛋去烘焙

步驟的意義

這個單元，我們要來考察的是蛋的發泡性，也就是以打發為中心來思考。首先我們就前一頁的長崎蛋糕作法，拉出其中烘焙成功的關鍵處來說明。

・以手持電動打蛋器將蛋液打發至絲綢般滑順

雖然「絲綢般滑順」只是一個大概、建議打發的程度，不過要將全蛋打發至絲綢般滑順是非常辛苦的作業過程，千萬不要高估自己想要以徒手打發。要做長崎蛋糕，一定得交給電動打蛋器來打才行。

・蛋與砂糖以60℃的水溫隔水加熱

第一要點就是「以60℃的水溫隔水加熱」。這是因為前面也曾提到的，全蛋的變性溫度為66℃的關係，若是不小心加熱到變性溫度，就會變得很難起泡；但若以常溫去打發接著進入烤

箱去烘焙，麵糊要上升到烤好的溫度前就消泡了。所以將蜂蜜、水飴、高筋麵粉混合後馬上進烤箱時的溫度，可以稍微接近烤好時的溫度，從這樣的溫度起步，就更能讓已經打發起泡的麵糊在熱凝固的過程中固定下來。

・進烤箱之前先將裝有麵糊的模型在桌上輕輕敲幾下，再用牙籤將浮上來的氣泡戳破

這個動作俗稱「戳泡泡」（有時也會在烘烤過程中進行），藉由這個動作，可以讓小小的氣泡都消失。沒有去除氣泡的長崎蛋糕表面會留下大氣泡，而下方的氣泡則是會造成上色不均勻，因此，要有質地均一的麵糊，消除氣泡的動作不可省。

順帶一提，長崎蛋糕與其他同樣活用蛋的起泡性製成的蛋糕相比，最大的不同在於油脂的使用與否。比方說，戚風蛋糕因為用了植物油，所以產生其特有的蓬鬆柔軟。

使用的蛋不同也會影響起泡性。較不那麼新鮮的蛋，更容易打發，這是因為稀薄蛋白多的舊蛋比較容易打發；然而濃厚蛋白多的新蛋、品質較好的蛋雖然得費更多時間才能打發，但是發起來後的泡泡較穩定，烤出來的蛋糕質地較均勻，氣孔也會比較細緻。另一方面，便宜的蛋做出來的蛋糕有些氣孔甚至會使得蛋糕產生龜裂等狀況，導致賣相不佳。

MENU 41

＼冰淇淋愛好者、布丁愛好者都讚不絕口！／

加泰隆尼亞焦糖布丁

蛋的香甜在口中擴散

POINT!!

將鮮奶油與蛋黃製成的布丁拿去冷凍

一定有人會感到驚喜：「原來它吃起來是這種感覺啊」。最近漸漸開始有愈來愈多人知道它，是一道即將引爆流行的甜點。

■ 材料（4 人份）

蛋黃…6 顆
細砂糖…100g
鮮奶油…400ml
香草精…少許

■ 作法

❶ **製作蛋液**

在調理盆中將蛋黃、細砂糖混合後，慢慢一點一點地加進鮮奶油，輕輕地攪拌並以小火加熱，當溫度升高至60℃時，加進香草精，再注入模型。

❷ **隔水蒸**

蒸鍋裡的熱水煮沸之後便熄火，將❶放進鍋中，開小火，保持在85～90℃之間的溫度蒸30分鐘左右，放涼。

❸ **冷凍**

進冷凍庫冰一個小時，表層撒上細砂糖（材料外），以噴槍烤出一層焦糖後，再次進冷凍庫，要吃的前15分鐘先拿出來稍微退冰。

西班牙的超人氣甜點

加泰隆尼亞焦糖布丁（Crema Catalana）是源自西班牙加泰隆尼亞地區的甜點，最初的作法是在吃之前再用噴槍炙燒，這裡介紹的是在炙燒後再冷凍的簡便作法。這會不會就是法式烤焦糖布蕾的起源？感覺好像偷偷掀起了業界的黑幕!?

MENU 42

＼HAKUEI（PENICILLIN）直授／

減醣冰淇淋

真的是本人也自己做來吃！

POINT!!

低醣的甜味劑也可以這麼好吃

進入減醣飲食攝取時最大的煩惱就是實在難以割捨甜點。不過這道冰淇淋，不論是我本人還是健身教練都一致推薦！

■ 材料（4人份）

蛋黃…5顆

蛋白…1顆

鮮奶油（高脂）…200ml

低醣甜味劑…以甜味換算相當於砂糖70g的份量

香草精…適量

■ 作法

1 製作原料

調理盆中放入蛋黃、甜味劑、香草精，充分拌勻。蛋白打發到可以站立、鮮奶油打至七、八成發泡後加進蛋黃液中混拌均勻為止。

2 完成

將1倒到調理盤等金屬容器中，進冷凍庫冰凍。可以直接這樣一直冷凍著，或是每經過一小時就整個混拌2～3次，口感會變得更細緻滑順

※這個配方若是改用砂糖的話，就是一般的冰淇淋。

這樣就可以達到減醣了…

維持體脂肪率 7% 的甜點

人氣視覺系樂團 PENICILLIN 的主唱 HAKUEI 便是靠著這款冰淇淋來維持他 7% 的體脂肪。「偶爾想吃點甜的，但是市面上找不到減醣甜點，只好自己做了。」

剩下的蛋白

使用方法與其他好點子

不論是半熟蛋還是蛋黃醬汁，蛋的美味怎麼說都是蛋黃較突出，一般我們多半會這麼認為。然而蛋白具有高蛋白質又健康，特別是加熱後那Q彈的口感更是無可取代的。

在食譜網站等地方常會看到「活用作菜剩下來的蛋白」來製作餅乾、瑪芬等時尚點心的作法，但每次都得要這麼努力地做出漂亮點心還是有點累人。這裡就來介紹一些簡便的方法，多些變化，應用起來更加自由自在！

・湯料

首先介紹的是作為湯料來使用。湯煮沸後，將已打散的蛋白輕輕倒入湯中即可。不論是勾了芡的中式羹湯還是清澈的清湯都很搭，與日式的味噌湯或其他日式湯品也很合。即使是西餐，西式高湯裡，不管是加了菠菜或是綜合海鮮、蟹肉罐頭的湯品搭配起來也完全沒有問題。

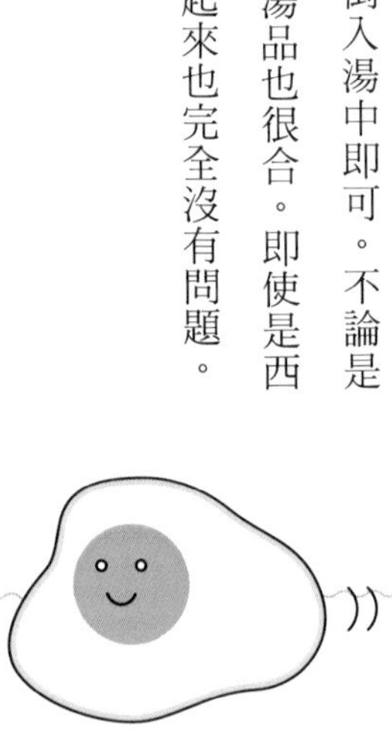

・勾芡

燴飯上的芡汁最適合加入蛋白。打散的蛋白輕輕加入芡汁裡，可再增添稠度。可以與豆腐、油豆腐同燴，蓋在白飯上也行，淋在水煮魚、肉或蔬菜上就成了一道美味料理，跟蟹肉、菠菜也很搭。搭配使用的高湯除了中式之外，日式、西式的湯底也都不拘。

・沒有蛋黃的煎蛋

有人點天婦羅蕎麥麵不要蕎麥麵，只享用炸物與湯底的美味。吃荷包蛋同樣也可以不要蛋黃，留下全蛋白彈牙的口感。特別是火腿蛋吐司等，少了蛋黃，Q彈的蛋白與麵包加在一起，一口咬下，心滿意足。這樣的荷包蛋，用平底鍋煎也好，或是在烤盤上先鋪上火腿或培根，再倒進蛋白，進烤箱烘烤後便成了一盅火腿／培根焗蛋，若再加入炒菠菜、馬鈴薯，便成了一道豐富美味的焗烤窩蛋。第61頁的炸蛋若是只用蛋白去炸，也可以放在炒麵、義大利麵等麵類上，作為配料。

其他的單品如只用蛋白的茶碗蒸（高湯量約為蛋白的一・五～一・七倍）、鋪蓋於中式炒菜上的「白雪」（芡汁中最後加入打發的蛋白炒至濕潤綿細，有如白雪），或是滑蛋蝦仁等蛋料理也可以只用蛋白。蛋白加熱後也不會有太多太重的味道，因此是很好搭配的食材，只要是你想得到的作法，試試看也許都會有不錯的成果喔！

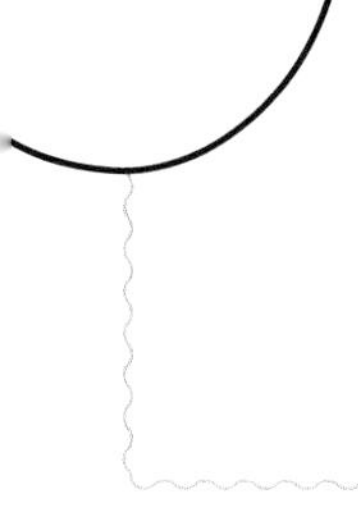

世界第一美味蛋料理索引

依主要用途分類

〈主食〉

〈小菜／下酒菜〉

依調理方法分類

参考文献

「NEW調理と理論」山崎 清子、島田 キミエ、渋川 祥子、下村 道子、市川 朝子、杉山 久仁子（同文書院）／「おいしさをつくる「熱」の科学」佐藤秀美（柴田書店）／「マギー キッチンサイエンス-食材から食卓まで-」（著）Harold McGee、（監修、翻訳）香西 みどり（共立出版）／「Cooking for Geeks -料理の科学と実践レシピ」（著）Jeff Potter、（訳）水原 文（オライリージャパン）／「新装版「こつ」の科学」杉田浩一（柴田書店）／「新版おかし「こつ」の科学」河田昌子（柴田書店）／「料理と科学のおいしい出会い」石川 伸一（化学同人）／「食品・料理・味覚の化学」都甲 清、飯山 悟（講談社）／「料理の科学①」「料理の科学②」（著）ロバート・L・ウォルク、（訳）ハーバー保子（楽工社）／「理屈で攻める男の料理術」（著）ラス・パースンズ、（訳）忠平 美幸（草思社）／「調味料の効能と料理法」松田 美智子（誠文堂新光社）／「うま味って何だろう」栗原 堅三（岩波ジュニア新書）／「コクと旨味の秘密」伏木 亨（新潮新書）／「うま味—味の再発見」（編）川村 洋二郎、木村 修一（栄大選書）／「料理と栄養の科学」（監修）渋川 祥子、牧野 直子（新星出版社）／「dancyu 日本一の卵レシピ」（プレジデント社）／「Modernist Cuisine: The Art and Science of Cooking」Nathan Myhrvold, Chris Young, Maxime Bilet, Ryan Matthew Smith (The Cooking Lab)

＊＊＊＊＊

田坂邦子、能島英子、松本武、守康則・鶏卵白蛋白質の酵素的研究（第2報）：貯蔵間におけるpHの変化及び蛋白変性について・家政学雑誌・1962、13（6）、p・399－401

守康則、能島英子、田坂邦子、松本武・鶏卵白蛋白質に関する研究（第1報）：鶏卵白蛋白質の酵素的研究・家政学雑誌・1962、13（5）、p・317－321

日比喜子・加熱卵黄の性状と組織・家政学雑誌・1979、30（4）、p・307－311

ゆで卵の殻のむきやすさに対する加温処理の効果（2）・岐阜県養鶏試験場研究報告・1991、38、p・37－40

吉松藤子・新鮮卵のゆで卵の卵殻のむけやすさに関する研究・家政学雑誌・1977、28（7）、p・471－476

小栗克之、三品和也、杉山道雄、荒幡克己、GPセンターにおける加工卵製造と今後の展望・岐阜大学農学部研究報告・1997、62、p・65－73

筒井 知巳、小原 哲二郎・鶏卵卵黄蛋白質成分の加熱変化について・日本食品工業学会誌・1980、27（1）、p・7－13

松本エミ子・卵の調理に関する食品組織学的研究（第1報）：ゆで卵の卵殻・卵殻膜および卵白について・調理科学・1973、6（1）、p・53－56

和田淑子、山崎清子・焼き物調理に関する研究（第7報）：厚焼き卵について・家政学雑誌・1970、21（2）、p・95－102

淺井智子・乳脂肪クリームと菜種油を配合したオムレツの組織構造とレオロジー特性・日本調理科学会大会研究発表要旨集・2013、25、p・58

坂口裕之、奈良部均、重松康彦、小林英明、卵黄レシチンの品位が乳剤の乳化安定性に与える影響について・日本油化学会年会講演要旨集・2005、44、p・223

平島円、寺内佑佳、磯部由香・鶏卵のおいしさの要因・三重大学教育学部研究紀要・2011、62、p・19－24

大門奈央、與田昭一、金光智行・卵黄レシチンがプリンの風味となめらかさに及ぼす影響・日本調理科学会大会研究発表要旨集・2013、25、p・211

岸田恵津、酒井佐知子、高木直美、生野世方子、金谷昭子・卵の調理性を学習するための実験教材の作成：家庭科教科書における卵の調理性の学習方法に関する考察とカスタードプディングを題材にした調理科学実験の教材作成・兵庫教育大学研究紀要・1999、19、p・81－91

松本ヱミ子、重白典子・卵の調理に関する食品組織学的研究（第5報）：卵黄の添加物による変化について・調理科学・1979、12（1）、p・46－51
松本ヱミ子、重白典子・卵の調理に関する食品組織学的研究　4　卵調理における食塩の影響：卵調理における食塩の影響・家政学雑誌・1976、27（6）、p・397－402
松本ヱミ子・卵の調理に関する食品組織学的研究（第2報）：ゆで卵の卵殻膜について・調理科学・1973、6（1）、p・57-60
松本ヱミ子・卵の調理に関する食品組織学的研究（第1報）：ゆで卵の卵殻・卵殻膜および卵白について・調理科学・1973、6（1）、p・53－56
内島幸江、赤池節代・鶏卵の調理学的研究：第1報 プディングの性状について・名古屋女子大学紀要・1973、19、p・9－14
西楽慈子、田村咲江・卵黄の加熱によるテクスチャーと微細構造の変化・日本家政学会誌・1998、49（4）、p・353－362
小川宣子・加熱速度、食塩濃度が卵白ゲルの物性及び表面構造に及ぼす影響・日本食品工業学会誌・1994、41（3）、p・191－195
松元文子、向山りつ子・卵白の泡立に関する研究（第二報）・家政学雑誌・1957、8（2）、p・47－51
松元文子、向山りつ子・卵白の泡立に関する研究（第一報）：卵白の気泡・家政学雑誌・1956、7（3）、p・115－120
土井美友紀、芝崎本実、久保園麻衣、小磯和美、手塚有美、名倉秀子・カステラの性状に及ぼす調整条件の検討・日本調理科学会大会研究発表要旨集・2012、24、p・75
佐合徹、山　栄次・アイスクリーム少量製造技術の開発および粘度、温度変化の可視化・日本食品工学会誌・2015、16（4）、d・291－296
村田 安代、寺元 芳子・鶏卵の貯蔵と熱凝固性についてII鶏卵の鮮度と加熱条件の相違がゲルの物性に及ぼす影響について：鶏卵の貯蔵と熱凝固性について（第2報）・家政学雑誌・1985、36（10）、p・763－769
村田安代、斎田由美子、松元文子・鶏卵の貯蔵と熱凝固性についてI－水様・濃厚卵白ゲルの物理的性状等について：水様・濃厚卵白ゲルの物理的性状等について・家政学雑誌・1985、36（2）、p・133－137
筒井知己、小原哲二郎・鶏卵卵黄たんぱく質成分の加熱変化について・日本食品工業学会誌・1980、27（1）、p・7－13
内島幸江、鈴木順子・鶏卵の利用に関する研究：III・塩漬卵の性状・名古屋女子大学紀要・1976、22、p・25－30
安藤昭代、鳥居よし子、神戸鉦子・飯にかけた鶏卵の温度並びに消化に関する研究・東海学園女子短期大学紀要・1970、7、p・1－8
山脇芙美子、松元文子・鶏卵の調理に関する研究（第2報）：卵豆腐の加熱条件・家政学雑誌・1964、15（5）、p・248－251
山脇芙美子、松元文子・鶏卵の調理に関する研究：プディングの加熱条件・家政学雑誌・1963、14（3）、p・155－160
山脇芙美子、松元文子・カスタードプディングの堅さの研究・大阪女子学園短期大学紀要・1960、4、p・54－64
小林由実、和田真、山田和、加藤 邦人、上田 善博、小川 宣子・揚げ油の温度が天ぷらの衣の品質に及ぼす影響・日本調理科学会大会研究発表要旨集・2012、24、p・164
久塚 智明、小川 宣子、渡邊 乾二・茶碗蒸しの物性に及ぼす影響因子の解析：第2報：ゲル化特性に及ぼす調理時の加熱条件、pHおよび食塩濃度の影響・日本調理科学会誌・2000、33（4）、p・451－455
久塚智明、小川宣子、渡邊乾二・茶碗蒸しの物性に及ぼす影響因子の解析・日本調理科学会誌・1999、32（4）、p・312－316
J.W.Goodrum; W.M.Britton; J.B.Davis. Effect of storage conditions on albumen pH and subsequent hard-cooked egg peelability and albumen shear strength.Poultry Science. 1989, 68（9）, p. 1226－1231

最後還有兩種作法喔～

MENU 43

茄汁雞肉炒飯佐溏心蛋

從冰箱拿出來的蛋不必等回溫，直接放到熱水中煮6分鐘，再泡幾秒的冷水後靜置6分鐘即完成的溏心蛋。比第55頁的法式美乃滋蛋用的水煮蛋中心部分再更生一點。特別是剛從冰箱拿出來馬上下鍋水煮的蛋，在思考蛋黃熟度時，有時也可以考慮起鍋後不泡冷水直接使用。加在茄汁雞肉炒飯上，邊以湯匙將蛋切碎邊與炒飯拌著吃，享受與歐姆蛋完全不同的美味。

MENU 44

天空之城麵包

在吉卜力動畫《天空之城》中屢次出現的荷包蛋烤厚片吐司。第66頁焗烤火腿起司蛋吐司是它的變化版。原版使用的是荷包蛋，將厚片吐司烤過後再放蛋上去，那麵包的酥脆度完勝一切。

Special Thanks To

早餐會。／供餐系男子成員＆客人＆相關人員／下城民夫會長為首的日本BBQ協會公認BBQ指導者／漫畫大賞執行委員＆選考員／（元）宮崎牛BBQ部準備委員＆參加者／dancyu編輯部／Discover 21, Inc.／週刊SPA!編輯部／齊藤賢太郎／小石原はるか／永武雄吉／HAKUEI（PENICILLIN）

八幡鮨　日本國東京都新宿區西早稲田3-1-1　03-3203-1634
生計　日本國宮城縣仙台市青葉區花京院2-2-8　022-224-4788
廣瀨農園　https://www.facebook.com/hirosenouen

世界第一美味蛋料理！

入口即化、蓬鬆柔軟、滑嫩多汁，用 8000 顆蛋打出的最強食譜

新しい卵ドリル おうちの卵料理が見違える！

作　　者　松浦達也
譯　　者　王淑儀
責任編輯　李彥柔
內頁編排　江麗姿
封面設計　任宥騰

行銷專員　辛政遠、楊惠潔
總 編 輯　姚蜀芸
副 社 長　黃錫鉉

總 經 理　吳濱伶
發 行 人　何飛鵬
出　　版　創意市集

發　　行　城邦文化事業股份有限公司
歡迎光臨城邦讀書花園
網址：www.cite.com.tw

香港發行所　城邦（香港）出版集團有限公司
香港灣仔駱克道 193 號東超商業中心 1 樓
電話：（852） 25086231
傳真：（852） 25789337
E-mail：hkcite@biznetvigator.com

馬新發行所　城邦（馬新）出版集團
Cite （M） Sdn Bhd
41, Jalan Radin Anum, Bandar Baru Sri Petaling,57000 Kuala Lumpur, Malaysia.
電話：（603） 90578822
傳真：（603） 90576622
E-mail：cite@cite.com.my

印　　刷　凱林彩印股份有限公司
2022 年 09 月
I S B N　9789579199865
定　　價　350 元

若書籍外觀有破損、缺頁、裝訂錯誤等不完整現象，想要換書、退書，或您有大量購書的需求服務，都請與客服中心聯繫。

客戶服務中心
地址：10483 台北市中山區民生東路二段 141 號 B1
服務電話：（02）2500-7718、（02）2500-7719
服務時間：周一至周五 9：30 ～ 18：00
24 小時傳真專線：（02）2500-1990 ～ 3
E-mail：service@readingclub.com.tw

國家圖書館出版品預行編目（CIP）資料

世界第一美味蛋料理！入口即化、蓬鬆柔軟、滑嫩多汁，用 8000 顆蛋打出的最強食譜 / 松浦達也作；王淑儀譯 . -- 初版 . -- 臺北市：創意市集出版：家庭傳媒城邦分公司發行 , 2020.03
面；　公分
譯自：新しい卵ドリル：おうちの卵料理が見違える！
ISBN 978-957-9199-86-5（平裝）
1. 蛋食譜

427.26　　109001482